小小的湿地 大大的能量

湿小鹤的自然观察笔记

① 水·草

钟玉兰 迟韵阳 主编

中国林业出版社
China Forestry Publishing House

图书在版编目（CIP）数据

小小的湿地 大大的能量 ：湿小鹤的自然观察笔记 /
钟玉兰，迟韵阳主编. -- 北京 ：中国林业出版社，
2024. 9. -- ISBN 978-7-5219-2985-0

Ⅰ.Q958.525.61-49；Q948.525.61-49

中国国家版本馆CIP数据核字第2024YC4886号

策划编辑：袁丽莉
责任编辑：袁丽莉
封面设计：吴衍婷 何 浩
————————————
出版发行：中国林业出版社
　　　　（100009，北京市西城区刘海胡同7号，电话83143633）
电子邮箱：cfphzbs@163.com
网　址：www.cfph.net
印　刷：河北鑫汇壹印刷有限公司
版　次：2024年9月第1版
印　次：2024年9月第1次
开　本：889mm×1192mm　1/16
印　张：21.5
字　数：275千字
定　价：158.00元

《小小的湿地 大大的能量——湿小鹤的自然观察笔记》

编写委员会

主　　编：钟玉兰　　迟韵阳

副主编：刘　春　裘　鹏　刘勇刚　秦子杰　任　琼

编　　委：申　艳　曾　艳　薛媛玮　黄彩霞　张　群
　　　　　何　叶　胡兰梅　袁　月　彭逸珍　程素欣
　　　　　汪　维　严员英　周莉荫　袁继红　孙志勇
　　　　　邵瑞清　刘　胜　缪泸君　王冠辉　王　华
　　　　　汤浩藩　高　尚　邱　爽 (排名不分先后)

参编人员：曾欢欢　张淼淼　季　巍　万　方　况绍祥
　　　　　孟璞岩　邱柏豪　张　旭　吴衍婷　何　浩

前 言

2022年11月，南昌获颁"国际湿地城市"证书。为宣传推广南昌城市形象，通过征集甄选出南昌国际湿地城市吉祥物湿小鹤。吉祥物以南昌鄱阳湖湿地、江西省鸟"白鹤"为原型，寓意"湿地鹤乡"，生动展示鹤舞鄱湖，牵手世界，以鹤为媒，人鸟和谐的生态画卷；"湿小鹤"展开双翅，踏湖飞奔，欢迎四海宾朋走进南昌湿地，与鹤共舞，人与自然和谐共生，充分体现南昌人民"留住白鹤、守护湿地"的美好愿望和昂扬向上、奔向新时代的精神风貌。

本书有五个分册，分别是《水·草》《虫·豸》《鳞·介》《两·爬》《鸟·兽》。本书以写实的手法，通过第一人称的视角描绘，为每一个湿地物种配以一段生动有趣的科普短文和一副精美的插画，用讲故事的方式娓娓道来，述说一个个生灵有趣的故事。这种方式旨在让读者在欣赏美妙画作的同时，能更加深入地了解这些生物的习性、特点和生存环境，从而提高读者对生物多样性的认识和尊重。

为保证本书顺利出版，南昌市野生动植物保护中心和江西省林业科学院投入了大量的人力物力，组织了一支专业的团队，深入实地进行考察和拍摄，收集了大量的第一手资料。同时，他们还邀请了生物学家、生态学家和艺术家等各领域的专家，对书中的内容进行严格的审核和指导，确保了书籍的科学性和艺术性。

本书的出版，不仅是对南昌市生态资源的一次全面展示，也是对生物多样性保护工作的有力推动。笔者希望，本书能激发读者对自然科学的兴趣，培养他们观察、思考和探索的能力，提高他们的环保意识和责任感。笔者相信，只有让更多的人了解和尊重自然，才能实现人与自然的和谐共生。

最后，感谢所有为这本书付出辛勤努力的团队成员和专家，是你们的共同努力，才让这本书得以呈现在读者面前。同时，也希望这本书能够得到广大读者的喜爱和认可，让我们一起为保护生物多样性、建设美丽中国贡献自己的力量。由于水平有限，书中难免存在疏漏和不足之处，欢迎广大读者及同行批评指正。

编写委员会
2024年8月

沉水植物	植物体全部于水面下方生活的水生植物，可能在花期将花及少部分茎、叶伸出水面。
挺水植物	根与地下茎长在水底淤泥之中，地上部分的茎挺拔，花与叶一般不与水接触。
漂浮植物	根不生长于水底淤泥之中，植物体漂浮于水面上，可四处移动。
湿生植物	生活于草甸、河湖岸边或沼泽中的植物，抗旱能力弱，不能忍受长时间的水分不足。
浮叶植物	根或地下茎扎入水底淤泥，叶浮于水面。
中生植物	生长在水分条件适中地区的植物，形态和生理特性介于湿生植物和旱生植物之间。

目 录

自古以来，水便是人类定居的重要条件。人类部落多依水而居，逐渐形成了最初的村落。许多植物也伴水而生，形成物产丰富的湿地生态系统。水，作为生命之源，不可或缺；而草，则凭借其顽强的生命力，支撑着无数生命的存续。

本分册中的分类系统沿用被子植物系统发育研究组（Angiosperm Phylogeny Group, APG）于2016年发表的第四版被子植物分类系统，以及南京林业大学的杨永教授团队于2022年发表的裸子植物分类系统。

水下植物王国的常见居民——金鱼藻 …… 08

它是不是和名字一样苦——苦草 …… 10

无中生有的槐树叶子——槐叶蘋 …… 12

扩张迅捷的绿色"地毯"——浮萍 …… 14

世界上最小的花——芜萍 …… 16

长得太快的水中"白菜"——大薸 …… 18

美丽却危险的植物——凤眼莲 …… 20

叶子背面的"小乌龟"——水鳖 …… 22

诗经中的美食——荇菜 …… 24

水中幸运草——蘋 …… 26

爱睡觉的水中仙子——睡莲 …… 28

芡实糕从哪里来——芡 …… 30

粮食生病了，就变菜了——菰 …… 32

甜蜜的陷阱——水竹芋 …… 34

美丽的水中君子——莲 …… 36

植物中的慈母——慈姑 …… 38

水中"蜡烛"用处多——香蒲 …… 40

美丽又实用的河岸大草——芦苇 …… 42

假的芦苇——南荻 …… 44

水生态环保新星——芦竹 …… 46

来自美洲的紫色水晶——梭鱼草 …… 48

完美的天然灯芯——野灯芯草 …… 50

可以辟邪的植物——菖蒲 …… 52

水泽中的清甜珍馐——荸荠 …… 54

身披绿衣的"美人"——美人蕉 …… 56

中国古老的孑遗植物——水松 …… 58

北美东南的羽毛——落羽杉 …… 60

美丽的古老血脉——水杉 …… 62

牧草织成网——灰化薹草 …… 64

水边的"艾草"——蒌蒿 …… 66

小小的盛宴——蓼子草 …… 68

绒绒香草，似艾非艾——鼠曲草 …… 70

神奇的中国"蜡烛树"——乌桕 …… 72

沉水植物

水下植物王国的常见居民

| 中文名 金鱼藻 |
| 学　名 *Ceratophyllum demersum* |
| 金鱼藻目 Ceratophyllales |
| 金鱼藻科 Ceratophyllaceae |
| 金鱼藻属 *Ceratophyllum* |

金鱼藻

在水底世界里，有一种植物像松针一样有众多分支，同时又非常柔软，这就是金鱼藻。

像金鱼藻一样，整个植物都长期浸泡在水下的植物叫作沉水植物。沉水植物往往有发达的通气组织，它们的茎和叶子大多为带状和丝状。这样的结构能让它们更多地与水接触，有利于吸收水中的养分。

健康生长的金鱼藻能吸收很多氮元素，这样水就不容易变得浑浊。金鱼藻和其他植物一样能进行光合作用，通过晒太阳为自己提供营养。金鱼藻的通气组织相对外界是封闭的，这样的结构可以使其"自产自销"，光合作用产生的氧气用于呼吸作用，呼吸作用产生的二氧化碳又用于光合作用。

养鱼的人常常会在鱼缸中放一些金鱼草，这样做不仅让鱼缸看起来更漂亮，还可以帮助净化鱼缸里的水，甚至有些鱼还会把金鱼藻当作食物，形成稳定的生态系统，一举多得。

植物在遇到被水浸泡等缺氧环境时会进行无氧呼吸产生酒精，而酒精对植物有毒害作用，所以一般陆生植物都不耐水淹，而湿生植物和水生植物都有应对水涝这种缺氧环境的策略，例如各种通气的管道和辅助呼吸的额外结构。在之后的植物介绍中，我们会了解到各种不同的策略。

沉水植物

它是不是和名字一样苦

苦草

在食物匮乏的古代，人们常常采集野外的植物果腹。其中，有一些植物由于有特殊的味道，人们会用味道来给它们命名，例如甜菜、甘草、酸枣或者辣根。水中也有这样命名的一种植物，它的名字叫苦草。

苦草的名字听起来很苦，实际上也确实是苦的。据《中医必读百部名著》记载，苦草"苦、温、无毒"，也就是说它有明显的苦味。

苦草也叫作蓼萍草、扁草和水兰。它的叶子长长的，像细细的面条一样，叶子上有凸起的叶脉，末端是尖尖的。当小鱼游过时，这些细长的叶子就会像飘带一样摇摆，看起来非常漂亮。

它流线形柔软的身体是对水环境的适应，可以有效减少水流带来的伤害，假如是一棵阔叶树沉在水底，多半会被水流摘取了叶片，折断了身躯，伤痕累累。

水面下的苦草一株一株似乎毫不相关，但其实不是哦！如果你拔起一棵苦草，你会发现它们的根都是连在一起的。这种把它们连在一起的茎叫匍匐茎，可以让它们更快地生长和繁殖。

就像人有男有女一样，苦草也有雌雄之分。雌株只开雌花，雄株只开雄花。开花的时候，它们会长出像弹簧一样的花柄，让花朵在水面上开放。雄花的花粉会漂浮在水上，然后传递到雌花身边。这种通过水流传粉的花叫作水媒花。

所以，苦草是一种非常神奇的植物，不仅长得漂亮，还有许多有趣的特点。下次你在河边或池塘边看到它们时，不妨仔细观察一下，看看它们有趣的弹簧形花柄，还有雄花和雌花的区别。

中文名 苦草
学　名 *Vallisneria natans*
泽泻目 Alismatales
水鳖科 Hydrocharitaceae
苦草属 *Vallisneria*

漂浮植物

无中生有的槐树叶子

槐叶苹

有时候，你可能在水池里看见一些"槐树的叶子"，但是水边并没有槐树，那么这些叶子是哪来的呢？

其实，这种植物是一种特殊的浮水植物，它的名字叫作槐叶苹（pín）。这些椭圆形的叶子，一对一对地生长在叶柄的两侧，看起来和槐树的叶子非常相似。但如果你捞起一片叶子，你会发现它的下面长满了绒毛，而叶柄下面还长了一排"根"。有时候，这些"根"的基部还会长出几个小"果子"！

你可能会感到惊讶，槐叶苹的"根"并不是真正的根，而是它的叶子变形，长成的细长丝状结构。它们可以像根一样起到支撑和吸收水分的作用，但和真正的根并不一样。而那些"果子"也不是真正的果子，而是孢子果。

中文名 槐叶蘋
学　名 *Salvinia natans*
槐叶蘋目 Salviniales
槐叶蘋科 Salviniaceae
槐叶蘋属 *Salvinia*

漂浮植物

14

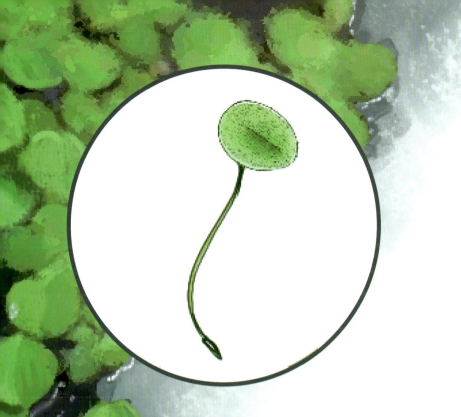

中文名 浮萍
学　名 *Lemna minor*
泽泻目 Alismatales
天南星科 Araceae
浮萍属 *Lemna*

扩张迅捷的绿色"地毯"

浮萍

想象一下，当你站在一个平静的湖边，眼前是一片翠绿的"地毯"，看上去就像一片草地。你是不是很想在这片"草地"上走走？但小心哦，如果你真的这么做，很可能会掉进水里！你知道这片绿色的"地毯"是什么吗？它其实是一种浮在水上的植物，叫作浮萍。

浮萍的结构十分有趣，它的绿色部分并不是叶子，仔细看它们其实和叶子不一样，它们没有叶脉和叶柄。但它们可以像叶子一样进行光合作用，为浮萍提供营养，它们有一个特殊的名字，叫作叶状体。

浮萍的生长速度非常快，这是因为它们有特别的繁殖技巧。每一片叶状体的背面都藏有一个小袋子，里面还藏着一个小小的叶状体。这个小叶状体会慢慢长大，直到有一天它浮出水面，并断开与母体的连接，成为一片独立的新浮萍。只要环境适宜，一片浮萍每天都能生出好几片新浮萍，一个新浮萍只要一天就能长得和老浮萍一样大。

浮萍个头很小，对鸭子和鱼来说都是可以一口吞下的美食。所以即使浮萍长得很快，也不会对环境造成太大危害。

浮萍是一种世界广泛分布的漂浮植物，除了南极洲以外，世界其他大洲都有它的身影。

漂浮植物

中文名	芜萍
学 名	*Wolffia arrhiza*
泽泻目	Alismatales
天南星科	Araceae
无根萍属	*Wolffia*

世界上最小的花

芜萍

　　不同植物开的花有大有小，还有不同的颜色，但你知道全世界最小的花是什么花吗？是芜萍的花，小得几乎肉眼看不见。芜萍是一种细小如沙粒的浮水植物，个头比浮萍小很多，要十几个芜萍才能和一个浮萍的叶状体差不多大呢！但是芜萍不是只拥有简单结构的藻类，它属于被子植物，是世界上较小的被子植物之一。

　　它的俗名"无根萍"真是名副其实，因为它真的没有根。而且它也没有叶子，它的绿色主体其实只是一团能够进行光合作用的细胞。不过，在极少数的情况下，芜萍也能开花结果，这正是它被当作被子植物的特征之一。

　　因为芜萍的特殊结构，它给了古代文人很多灵感。例如成语"萍水相逢"用来形容不相识的人偶然相遇，就像水里的两片萍叶偶然碰到一起；还有用短语"无根之萍"来形容没有依靠的人；更有诗人用"浮萍自在为无根"来描述一种自由洒脱的心境。在你眼中，芜萍是怎样的存在呢？

漂浮植物

| 中文名 大薸 |
| 学　名 *Pistia stratiotes* |
| 泽泻目 Alismatales |
| 天南星科 Araceae |
| 大薸属 *Pistia* |

长得太快的水中"白菜"

大薸

　　大薸（piáo）的家乡在南美洲，是一种漂浮在水面上的植物。它的外形像一棵大白菜，所以人们也喜欢叫它"水白菜"。虽然看起来像白菜，但大薸的内部结构却和白菜完全不同。它的叶子都是中空的，里面充满了空气，这使得它可以轻松地漂浮在水面上。

　　大薸最喜欢在沟渠静水的地方生长，它还喜欢温暖又多雨的气候。大薸有一种非常特别的繁殖方式。它的叶片之间会横着长出一根茎，这根茎叫作"匍匐枝"。随着时间的推移，匍匐枝的末端会生出根和芽。当这根脆弱的枝条断开时，一棵全新的大薸就诞生了。一棵健康的大薸在适宜的环境下，一年能繁殖出六万棵大薸。这种不用开花结果，而是通过根、茎、叶等营养器官繁殖的形式叫作营养繁殖。

　　大薸繁殖快、口感柔软又营养丰富，所以人们把它当作猪饲料引入了中国。很快，它在中国的中部和南部各地都得到了广泛的应用。但有时候，一些大薸会被水流带到野外环境中。在那里，它们随意生长，造成了一些麻烦。当水面上长满了大薸，船只行驶会变得困难。更重要的是，大薸完全挡住了水面，导致水下的其他动植物得不到阳光，全都会死掉。这真是一件糟糕的事情啊！

漂浮植物

美丽却危险的植物

| 中文名 凤眼莲 |
| 学　名 *Pontederia crassipes* |
| 鸭跖草目 Commelinales |
| 雨久花科 Pontederiaceae |
| 梭鱼草属 *Pontederia* |

凤眼莲

　　在夏秋季的池塘和湖泊中，常常能看见一种美丽的花。它是淡紫色的，在花朵的顶部，有一片花瓣颜色更深、更鲜艳，中间还有一个金黄色的小圆斑，就像一只明亮的眼睛一样，这就是它名字"凤眼莲"的由来。

　　凤眼莲还有一个别名，叫作水葫芦。这是因为它的叶子鼓得圆圆的，像一个小葫芦。如果你切开一片叶子，你会发现里面充满了空气。原来这些叶子也是凤眼莲的"游泳圈"，帮助它浮在水面上。

　　凤眼莲还有一个很特别的技能，那就是它的根可以富集水中的重金属。它可以帮助监测水中是否有砷等重金属，还能净化水中有害的物质，比如汞、镉和铅。

　　虽然凤眼莲很漂亮，还能净化水体，但如果任由它生长，也会带来很多问题。例如，它会挡住船只的路、破坏水力发电设施，还会遮挡阳光，影响水草和鱼类的生存。所以，科学家正在研究如何利用凤眼莲的优点，同时限制它的过度生长。我们需要做的就是，不要因为凤眼莲的花很漂亮，就随便将它种植在水里。

浮叶植物

中文名	水鳖
学　名	*Hydrocharis dubia*
泽泻目	Alismatales
水鳖科	Hydrocharitaceae
水鳖属	*Hydrocharis*

叶子背面的"小乌龟"

水鳖

　　鳖（biē）是一种爬行动物，但是你知道吗？"水鳖"却是一种浮叶植物的正式名称，这是为什么呢？原来，将水鳖的叶子翻过来，可以发现叶子背面有一块鼓起来的地方，看起来就像一只小乌龟，这就是它们名字的由来。如果我们把这个鼓起来的地方切开，会发现里面有好多六边形的方格，就像蜂巢一样。这些格子里充满了空气，这就是水鳖的"游泳圈"，有了它，水鳖才能在水面上自由地漂浮。注意哦，只有泡在水里的叶子才会有这种"游泳圈"，立在水面上的叶子是没有的。

　　水鳖的叶子是圆溜溜的或者像小小的心形，超级可爱。它的花更是让人喜欢，白色的花瓣好像软绵绵的云朵，而花心则是灿烂的金黄色，好像一个小小的荷包蛋。从远处看，它又像一颗闪烁的三角形星星。

　　水鳖还有一个很棒的特性，它可以吸收水中的一些污染物，让池塘的水变得更加洁净。所以在公园的池塘里，我们经常可以看到许多水鳖。有了它们，池塘的水就可以保持清亮亮的。而每到八月至十月水鳖开花的季节，那一丛丛绿油油的植物中，点缀着几朵白色的小花，真的让人心情愉悦。

中文名	荇菜
学　名	*Nymphoides peltata*
菊　目	Asterales
睡菜科	Menyanthaceae
荇菜属	*Nymphpoides*

诗经中的美食

荇菜

　　在池塘里住着一种特别的植物，它叫作荇（xìng）菜。它是一种浮叶植物，根长在土里，叶或者花会浮出水面。因为它真的很漂亮，所以人们经常把它种在池塘里，供大家欣赏。

　　荇菜的叶子是心形的，有点像睡莲的叶子。它的花是金黄色，有五个花瓣。如果你仔细观察，会发现花的中间有一个三角形的地方比较肥厚，而两侧很薄，花瓣的边缘还是锯齿状的，真是太奇妙了。

　　你知道吗？荇菜的开花时间很有规律，它总是在上午九点到十二点之间开放。

　　其实，在古代，荇菜还是一种蔬菜呢。那时候的人们会采集它的根茎来煮汤喝。《诗经·关雎》里就有"参差荇菜，左右采之"的句子，描述了古代人划船采摘荇菜的美丽画面。但随着农业的发展，人们培育出了更多好吃的蔬菜，并不特别好吃的荇菜也就逐渐退出了我们的餐桌。

　　荇菜作为一种浮叶植物，它的茎虽然不够强劲，不能像挺水植物一样完全支撑起叶子，但它们能保证叶子漂浮在水上。荇菜的茎在水位快速上升、浸没叶子的时候会加速生长，让叶子快速浮出水面。不这样做的话，叶子接触不到空气，整个植物都会很快憋死。

水中幸运草

中文名	蘋
学　名	*Marsilea quadrifolia*
蘋　目	Marsileales
蘋　科	Marsileaceae
蘋　属	*Marsilea*

浮叶植物

蘋

在草地上，我们常常可以看到车轴草属的植物，它们的叶子通常是三片排成一圈，所以叫三叶草。不过有时候，生长过程中会出现一些小小的错误，让叶子变成了四片。这种四叶草是非常稀有的，所以人们认为它是幸运的象征。但是你知道吗，还有另一种植物，它的每一片叶子都是由四片小叶子组成的。这种植物叫作蘋（pín）。

蘋喜欢生长在浅水中，是一种蕨类植物，因此可以很明显地看出它和车轴草的不同。车轴草的叶子中间有一根粗叶脉，所以中间像是折了一下，而蘋的叶子中间没有这样的折痕。

除了叶子的外形，蘋的叶柄也很有趣：当环境中的水比较深的时候，蘋的叶柄会长得又细又长，这样可以让叶子浮在水面上；而当水比较浅时，叶柄则会又粗又短，这样就可以支撑起叶子的全部重量。

在你看不见的地底下，蘋的根状茎在努力生长，它在地下横着生长，每隔一段距离就长出一些根和几片叶子。所以，虽然地面上看，一簇一簇的蘋好像是独立生长的，但实际上它们都是同一株植物。

浮叶植物

爱睡觉的水中仙子

睡莲

　　睡莲是一种非常迷人的花卉，深受人们的喜爱。许多公园和植物园的水池里都能看到睡莲的身影，它们为环境增添了一抹靓丽的色彩。睡莲的花朵有一个非常有趣的现象，那就是它们在白天开放，晚上却会紧紧闭合，好像是在睡觉一样。但植物又不会困，这是怎么回事呢？原来，在温带地区，睡莲为了避免夜晚的低温对花蕊造成冻伤而进化出了夜晚花瓣闭合的特性。睡莲还要依靠一些白天活动的昆虫来传播花粉，所以只要在白天开放，晚上闭合，就能既传播花粉，又保护花蕊。而生长在热带的睡莲品种，有"午睡"的习性，这样就可以避免阳光直射，减少水分蒸发，目的同样是保护花蕊，顺利繁殖。

　　睡莲的花朵娇小可爱，形状美丽，又十分水灵。人们以希腊神话中水仙女的名字为它命名，这就是睡莲属 *Nymphaea* 的含义。

中文名	睡莲
学　名	*Nymphaea tetragona*
睡莲目	Nymphaeales
睡莲科	Nymphaeaceae
睡莲属	*Nymphaea*

芡实糕从哪里来

中文名	芡
学 名	*Euryale ferox*
睡莲目	Nymphaeales
睡莲科	Nymphaeaceae
芡 属	*Euryale*

芡

芡（qiàn），或许你第一次听到这个字会觉得陌生，但其实它在我们的生活中并不少见，特别是当你品尝美味的芡实糕时，你会发现它是我们身边的老朋友。

芡和睡莲其实是亲戚，它们不仅拥有圆润的叶子，还绽放出美丽的花朵。令人惊奇的是，芡的花朵也和睡莲一样，白天盛开，夜晚则闭合起来。

芡的叶子直径大约一米长，仿佛一个大圆盘漂浮在水面。如果你轻轻翻起芡的叶子，会发现背面叶脉粗壮且复杂，更令人惊奇的是，这叶脉中还充满了空气。正是由于这种特殊的结构，使得芡的叶子能够轻松地浮在水面上。

芡的花朵与睡莲颇为相似，呈紫红色，娇艳欲滴。而它的果实则是圆滚滚的，末端还带有一个尖尖的部分，那是残留的花萼，这让它看起来就像一个小小的鸡头，因此人们也亲切地称里面的种子为"鸡头米"。每年的八月至十月是收获芡的黄金时期。为了确保芡的新鲜度，采摘后必须在一天内完成剥壳、清洗和分拣工作，按照颗粒大小进行分类。

芡不仅外观独特，更拥有丰富的营养价值，被誉为"水中八鲜"之一。经过千百年的烹饪探索，人们已经研发出了许多美味又营养的芡佳肴，例如芡实糕、桂花芡实羹、薏仁芡实粥和芡实老鸭汤等。这些菜品不仅口感独特，而且营养均衡，深受人们的喜爱。

挺水植物

粮食生病了，就变菜了

菰

　　你喜欢吃蔬菜吗？你有没有吃过有一种特别爽口的蔬菜，叫作茭白。茭白可以清炒、蒸食，或者和鱼、肉一起炒，口感鲜嫩又脆韧，是夏天里的美食。它还被誉为"水中八鲜"之一，广受欢迎。

　　其实，茭白的正式名字叫作"菰"（gū）。在唐宋以前，菰这种植物和水稻一样，是用来当主食吃的，人们称它为"菰米"，食用的是它的种子。

　　可是，茭白是怎么从粮食变成蔬菜的呢？原来，这是因为菰"生病"了，它们被一种叫作黑穗病菌的真菌感染了。这种病菌会分泌出一种特殊物质，让菰的花茎不能正常开花结果。被感染的同时，它的茎部会聚集很多养分，变得又粗又大。这样一来，人们发现，这个变粗的茎更好吃，而且采收也更方便。于是，人们就开始只种植染病的菰了。

　　你可能好奇，菰米到底是什么样子的呢？和大米相比，菰米颗粒更长，颜色也发黑，质地脆硬。如果用来做饭的话，需要多泡水、多焖煮才能咬得动。现在仍然可以买到菰米，但是价格比大米贵很多。人们通常把它当成配料，偶尔换换口味，体验一下古代人的饮食。

中文名	菰
学　名	*Zizania latifolia*
禾本目	Poales
禾本科	Poaceae
菰　属	*Zizania*

挺水植物

甜蜜的陷阱

水竹芋

大家知道,许多植物需要依靠动物来传播花粉,为此许多植物都会准备甜甜的花蜜,引诱动物前来传粉。但有些植物除了诱饵,还会使用一些"强制手段"让动物帮它传粉。比如水竹芋,它会设置机关陷阱,将小动物强留一会儿。

水竹芋是一种来自美洲的挺水植物,它的植株非常紧凑,长得高大又漂亮。它的叶子又大又宽,青翠的颜色看起来很舒服。当它开花的时候,花茎高高的挺出来,上面的花序有白色的苞片和美丽的紫色花瓣。整个看起来就像一根紫水晶。

这个紫水晶一般的花朵里,藏着一个神奇的小机关。如果你把一根小棍子插进花朵里,里面的花柱就会迅速卷起来,紧紧地抓住小棍子。原来,在水竹芋的家乡,会有蜂鸟来吃它的花蜜。这个机关就是为了抓住蜂鸟的喙,让蜂鸟多待一会儿,粘上更多的花粉。也许在中国,水竹芋的这个机关可以抓住一些小虫子,同样可以帮它们传粉。

水竹芋作为水生景观植物真的很优秀!它很少生病,水里的动物也不爱吃它。它还可以用地下茎繁殖和过冬,所以种植的成活率很高。最重要的是,它还可以帮我们净化水质。不过,和所有的外来植物一样,我们利用水竹芋的时候也要特别小心,一定要控制它的生长区域,防止它跑到野外去影响其他的本土植物。

中文名 水竹芋
学　名 *Thalia dealbata*
姜　目 Zingiberales
竹芋科 Marantaceae
水竹芋属 *Thalia*

挺水植物

美丽的水中君子

莲

　　莲,俗称荷花,是公园中较常见、较有特点的水生植物之一,它的植株高大挺拔,莲花色清丽,莲叶不仅外观大气,还能用来泡茶和做菜,莲子和莲藕更是传统美食,深受大家喜爱。

　　莲的地下茎是莲藕,切开莲藕会看见里面有许多孔道,这其实是它们的"呼吸孔"。如果你剖开莲的叶梗和花梗,就可以发现梗和藕里面一样有很多孔道,藕里面的孔就是通过荷叶和花朵的茎与外面的新鲜空气相通的。

　　莲花从河底的泥中长出,却完全不沾染水和泥,像翩翩君子一样美丽高洁,因此人们称赞莲"出淤泥而不染"。莲叶上有许多微小的突起,在水落到莲叶上以后,这些微小突起的存在就会使水和莲叶之间产生一层空气,让水不能和叶片完全接触。这样叶子就能保持清洁了。

　　莲会结莲蓬,莲蓬中有好吃的莲子。吃莲子的时候,你有没有发现,有的莲子比较甜,有的莲子却是苦的。这是因为鲜嫩的莲子里有很多糖类,所以吃起来甜甜的。而当莲子变老时,糖会变成更适合长期储存的、无味的淀粉,而且莲子心还会累积苦味的生物碱。所以吃起来就会苦苦的。莲子可以保存很长时间,有科学家曾经发现过千年以前的莲子,将这些莲子泡在水里竟然还能发芽生长。

中文名	莲
学　名	*Nelumbo nucifera*
山龙眼目	Proteales
莲　科	Nelumbonaceae
莲　属	*Nelumbo*

植物中的慈母

慈姑

在深秋季节，树叶摇摇欲坠的时候，菜市场里的美食开始变得更加丰富。而在这画卷中，有一处特别的角落，那里有一个神秘的黑色小球，带着一根奇特的小柄。它就是我们的主角——慈姑。

慈姑的球茎又黑又圆，像一个小锤子，又像一个迷你的话筒。削开黑色"果子"的外皮，里面的果肉像雪一样白。慈姑球茎里藏着丰富的淀粉和维生素，口感既像山药又像土豆，但还有一种独特的风味。这就是慈姑，被誉为"水中八鲜"之一的神秘蔬菜。

你可能会好奇，慈姑为什么叫这个名字呢？《农政全书》告诉你答案："慈姑，一名藉姑，一根岁生十二子，如慈姑之乳诸子，故名。"也就是说，慈姑每年都会生出十几个小球茎宝宝，就像妈妈在给孩子们喂奶一样。

不仅如此，慈姑的花和叶也是一道美丽的风景。它的叶子像大大的三角形游泳浮板，而花则有三片圆圆的花瓣，每三朵花在花茎上绕成一圈，它们像优雅的舞者一样，在花梗上跳着欢快的舞蹈。

中文名	慈姑
学　名	*Sagittaria trifolia leucopetala*
泽泻目	Alismatales
泽泻科	Alismataceae
慈姑属	*Sagittaria*

挺水植物

水中"蜡烛"用处多

香蒲

在河流、湖泊的边缘,水流缓慢的地方,常常会有一些长得很高的草。而在高高的草丛中,你可能会看到一些棕红色的柱状物,它们的长度和粗细非常像一根红蜡烛,又像一根扎在草茎上的烤肠,而且表面毛茸茸的。如果你轻轻地将"蜡烛"放入手中揉搓,这根"蜡烛"就会散开,变成一团柔软的毛毛,像棉花一样。这就是香蒲的花序,是不是很神奇?因为这个有趣的花序,香蒲才有了"水烛"这一别名。

香蒲不仅有好看又好玩的花,还有很多用途。它黄色的花粉是一种珍贵的中药,叫作"蒲黄",可以用于内伤止血。它的叶片可以用来造纸,还可以编织成帘子或者席子。而它幼嫩的茎叶,是可以食用的美味。还有,雌花序揉出的毛,可以像棉花一样用作枕头的填充物,柔软又舒适。所以,下次你在河边玩耍时,不妨多留心一下草丛。也许你会发现这个有趣的"小蜡烛"。

中文名 香蒲
学　名 *Typha orientalis*
禾本目 Poales
香蒲科 Typhaceae
香蒲属 *Typha*

美丽又实用的河岸大草

芦苇

在河边的空旷地带，常常可以看到一丛丛高大的草，它们顶着像扫把一样的穗，在风中轻轻摇晃，形成了一片独特的河岸风光。古人在《诗经》中用"蒹葭苍苍"来描绘这一美丽的场景。这种草就是芦苇。

芦苇不仅让河岸风光变得美丽，还有着重要的生态价值。它们的根能锁住泥土，有效地减少水对泥土的冲刷，使河岸更加稳固。这种天然的护岸措施，既环保又经济。

同时，芦苇秆的用途也非常广泛。人们可以用它来编席子、制帘子，搭建大棚和造纸。中国现代作家孙犁先生就曾在《荷花淀》中描写白洋淀的百姓编织苇席的美丽场景："……女人坐在小院当中，手指上缠绞着柔滑修长的苇眉子。苇眉子又薄又细，在她怀里跳跃着……"在我国，芦苇编席的历史可以追溯到距今七千年前的新石器时代，例如河姆渡文化就出土了精美的苇席。而在上世纪八十年代，漂亮又实用的手编草席广受欢迎，甚至远销国外，成为许多地方的经济支柱产业。无数人靠着编芦苇养活一家子。

随着时代的发展，人们的需求也在不断变化。除了席子以外，芦苇编成的挎包、猫窝、包装盒等也开始进入人们的生活。这一传承千年的技艺，正以其独特的魅力，继续在人们的生活中发挥着重要作用。

中文名	芦苇
学 名	*Phragmites australis*
禾本目	Poales
禾本科	Poaceae
芦苇属	*Phragmites*

湿生植物

44

假的芦苇

南荻

在开阔的河岸上,有一株特别的高大的草,它叫南荻(dí)。它的根非常发达,深深地扎根在土壤中,它的茎像柱子一样分节。它常常成片生长在江洲湖滩,能够防风固堤、保持水土、净化水质。

南荻的秆直立挺拔,深绿色或带紫色至褐色,看起来非常有光泽。而且,它上面还有一层薄薄的蜡粉。南荻的纤维质优,植株又长得快,可以大量收获用来制作高级文化用纸和静电复印纸。

南荻是一种非常有发展前途和值得推广的优良种质资源。它和芦苇有点像,但如果你仔细观察,就会发现它们的不同之处。南荻的花序柔顺,像马尾辫一样垂下来;而芦苇的花序则像鸡毛掸子一样。此外,南荻的叶子比较窄,不能包粽子;而芦苇的叶子比较宽,可以用来包香喷喷的粽子。下次在河边看到大片高大的草丛时,尝试分辨一下那到底是芦苇还是南荻吧。

中文名 南荻
学　名 *Miscanthus lutarioriparius*
禾本目 Poales
禾本科 Poaceae
芒　属 *Miscanthus*

湿生植物

中文名 芦竹
学　名 *Arundo donax*
禾本目 Poales
禾本科 Poaceae
芦竹属 *Arundo*

水生态环保新星

芦竹

芦竹，顾名思义，它既像芦苇又像竹子，高大丛生。它的根茎粗壮，有很多节，就像长了很多细长叶子的竹子。近年来，芦竹被广泛应用于水生态修复和湿地造景工程中，为大自然增添了一道美丽的风景线。

芦竹既不怕干旱，也不怕水涝。无论是炎热的夏天还是寒冷的冬天，它都能坚强地生长。即使在贫瘠的土壤里，它也能生根发芽，长成高大的植株。无论是海塘、江堤，还是湖滩、沙荒，都可以看到芦竹的身影。园艺种花叶芦竹更是特别，它的叶子有着深浅不一的条纹，就像一件时髦的条纹衫。

芦竹不仅好看，还有很大的用处。它的生长速度快，茎纤维长，可以用来制作优质的纸浆和人造丝。而且，幼嫩的芦竹枝叶含有丰富的粗蛋白质，是牲畜的美味青饲料。

芦竹还是一种新型生物质能源材料，为生产生活提供燃料，支撑电力系统，从而部分替代煤炭、石油等化石能源的消耗，减少温室气体的排放。这样，芦竹不仅是大自然的守护者，还是我们人类的能源备用库呢。

湿生植物

来自美洲的紫色水晶

梭鱼草

　　梭鱼草原产自美洲大陆，它的花朵紧密又有序地排列在花杆上，与玉米相似。梭鱼草的花色清幽且半透明，阳光下晶莹剔透，宛如一串串蓝紫色的水晶，令人惊艳。

　　梭鱼草喜爱温暖、阳光充足的环境，它既喜湿又耐热，还能抵抗寒冷，对土壤的要求并不高。它的花期长达五个月，这使得它在我国的园林应用中极为广泛。在公园、绿地的湖泊、池塘和小溪的浅水区域，梭鱼草都是绝佳的绿化植物。同时，它也是人工湿地和河流两岸的理想栽培观赏植物。与其他水生植物搭配，梭鱼草能营造出茂盛且华丽的水中花园景观。而梭鱼草名字的由来，有一种说法是人们经常观察到小鱼在其草茎周围穿梭，因此得名梭鱼草。想象一下，水面上是艳丽的花草，水面下是熠熠生辉的小鱼，这是多么美丽的场景啊。

　　梭鱼草在亚洲和欧洲是种在庭院的观赏植物，但在它的老家美洲也只是一种很平常的植物，当地人还会把它当作药材和食物吃呢。

中文名　梭鱼草
学　名　*Pontederia cordata*
鸭跖草目　Commelinales
雨久花科　Pontederiaceae
梭鱼草属　*Pontederia*

完美的天然灯芯

野灯芯草

在夜晚降临的时候，我们可以通过各式各样的照明设备点亮黑暗。然而，在电灯尚未问世的年代，古代平民在照明设施方面极度匮乏，连蜡烛都显得过于奢侈。相对而言，油灯是既经济又实惠的照明工具。油灯内总有一根灯芯，而火焰就燃烧在这灯芯上，这种设计使燃烧更易于控制，且方便吹灭。

灯芯的工作原理与蜡烛和酒精灯的灯芯相似，都是通过毛细作用使燃料从底部持续输送到顶部以维持燃烧。对于灯芯材料的选择，有着一系列严格的要求：它必须能够吸附油、具有多孔结构、易于点燃，并且成本要低廉。

古人经过考量，选择了野灯芯草这种植物。当我们将野灯芯草的茎切开时，会发现其中有一条白色絮状的髓心。将这髓心晾干后，它就成为了一种完全符合上述条件的理想灯芯。宋代词人张林曾看着油灯写下"白玉枝头，忽看蓓蕾，金粟珠垂"这样的美丽文字来描写灯芯，这足以表明野灯芯草在当时对人们，尤其是对读书人而言，具有重要的意义。

除了作为灯芯外，野灯芯草的外皮也是一个宝贵的编织材料。它的质地坚韧，可被用来制作席子和蓑衣。通过与大自然的合作，古人点亮了黑暗，也让生存变得更舒适。野灯芯草不仅为人们带来了光明，还为人们的生活增添了色彩和温暖。

中文名 野灯芯草
学　名 *Juncus setchuensis*
禾本目 Poales
灯芯草科 Juncaceae
灯芯草属 *Juncus*

可以辟邪的植物

菖蒲

在端午节的时候，很多人会在门上挂一束草，你知道这是为什么吗？原来，这不是普通的草，而是菖蒲和艾草。它们不仅有好闻的味道，还被古人认为有"辟邪"的神奇力量。因为端午节时天气开始变热，蚊虫变多，细菌和病毒也更活跃，人们容易生病。而菖蒲和艾草的香味可以驱赶蚊虫，让人们少生病。于是，古人就把它们看作是可以辟邪的吉祥之物，把它们挂在门上。

菖蒲常常生长在水边，叶子细长像剑一样。而它的花则像一个小小的玉米，黄绿色，藏在叶子中间，非常可爱。不过，有几种草和菖蒲长得有点像，例如香蒲、石菖蒲和黄菖蒲，常常被人们搞混。但只要你闻一闻，就能轻松分辨出来，因为菖蒲有一种特别浓烈的辛香，而其他几种草则没有。

现在虽然我们有了更先进的方法来驱赶蚊虫和预防疾病，但挂菖蒲和艾草的这个传统还是一直延续了下来，成为一种有趣的民俗。

中文名 菖蒲
学　名 *Acorus calamus*
菖蒲目 Acorales
菖蒲科 Acoraceae
菖蒲属 *Acorus*

水泽中的清甜珍馐

中文名	荸荠
学 名	*Eleocharis dulcis*
禾本目	Poales
莎草科	Cyperaceae
荸荠属	*Eleocharis*

荸荠

在冬春季节的小摊上或菜场附近，老板常常会在锅里煮着一些黑色的、扁圆扁圆的"果子"，有时这些"果子"还带有一个短短的小柄。这就是荸荠，我们食用的部位是植物的球茎。荸荠"果肉"雪白晶莹，口感清甜爽口。吃起来有点像梨肉，但是比梨肉更加细腻，直接吃或者炖成汤羹都很美味。

荸荠喜欢生长在水边，它的"叶子"长长的、细细的。不过，这些"叶子"其实不是真正的叶子哦，而是荸荠的茎。荸荠的叶子已经退化了，所以它的茎就代替叶子来帮助它进行光合作用。如果你仔细观察，会发现这些"叶子"一节一节的，这可是茎的特点哦，叶子是没有这样的结构的。

荸荠的花也不太显眼，看起来像一把绑在茎上的方便面。所以人们种植荸荠一般只是为了食用，不会用来当观赏植物。

除了直接食用，荸荠还有其他的用途。人们可以用它来提取淀粉，这种淀粉叫作马蹄粉。马蹄粉可以用来制作各种美食，比如甜品、糕点、糖水等等。传统的马蹄糕就是用马蹄粉做的，吃起来香甜可口、弹性十足，在我国东南地区非常流行。

中文名 美人蕉
学　名 *Canna indica*
姜　目 Zingiberales
美人蕉科 Cannaceae
美人蕉属 *Canna*

身披绿衣的"美人"

美人蕉

在公园或庭院里常常栽种有一种特别的植物，它不像高大的树木那样有硬挺的茎，但是它却可以长到一米以上。它的叶子特别大，像大大的扇子，而且还会开出红色或黄色的花，非常漂亮。这种植物的名字叫作美人蕉。

美人蕉是热带地区的植物，所以即使在夏天最热的时候，它也能开出美丽的花朵。它的叶子碧绿宽大，看起来特别凉爽，而那些鲜艳的花朵又特别引人注目。所以美人蕉是一种非常有观赏价值的植物。

而且，美人蕉不仅有美丽的外表，它还有净化环境的作用。美人蕉能够吸收空气中的有害物质，比如二氧化硫、氯化氢和二氧化碳等。当它吸收这些有害物质后，它的叶子会变得容易受到污染物的伤害，可能会变得枯黄或者长出斑点。有时人们会把它种在居住地周围，如果美人蕉突然病了，就要怀疑是否有空气污染物。这种方法叫作生物监测。

虽然美人蕉是一种观赏植物，但是在广西、贵州等地的人们会把它的根部采挖出来做成美食。这种美食有点像莲藕，但是不像莲藕一样长在水里，所以被称为"旱藕"。

中文名 水松
学　名 *Glyptostrobus pensilis*
柏　目 Cupressales
柏　科 Cupressaceae
水松属 *Glyptostrobus*

中国古老的子遗植物

水松

国家一级保护野生植物

　　中国有一种特有的古老植物，它高大挺拔、姿态优雅，这种植物就是水松。因为它数量很少，所以被列为国家一级保护植物。

　　水松喜欢温暖湿润的气候。无论是炎热的夏天还是寒冷的冬天，它都能顽强地生长。它不怕盐碱土，可以在各种土壤中生长。水松的树干根部很有特点，会膨大形成很多纵向的槽，这种结构就像三脚架一样，可以更好地对树干进行支撑。

　　水松的叶子非常有趣，它们有三种类型：鳞叶、线形叶和线状锥形叶。这些叶子在树上排列得整整齐齐，像是在为水松的美丽添彩。每到秋天，后两种叶子会和侧生短枝一起脱落。

　　而球花是水松的花，它们单生于小枝顶端，雄蕊和珠鳞都排列得井井有条。

　　当球果成熟时，它们会直立在枝头，像是一颗颗小小的宝石。种鳞和苞鳞紧密地合生在一起，形成规则而美丽的形态。每个种鳞都带着一个向下生长的翅，这使得种子可以轻松地飘到远处，繁衍生息。

　　水松的根系非常发达，可以牢牢地抓住土壤，防止水土流失。它的树形优美，可以作为庭园树种，为家园增添一抹清新的绿色。同时，它还是固堤护岸和防风好帮手。在长江中下游的湿地中，常常能见到它们的存在。

湿生植物

北美东南的羽毛

中文名	落羽杉
学　名	*Taxodium distichum*
柏　目	Cupressales
柏　科	Cupressaceae
落羽杉属	*Taxodium*

落羽杉

　　在遥远的北美东南部，生活着一种美丽的树木，它就是落羽杉。落羽杉可以在排水不良的沼泽地上生长，这是因为它有很特别的呼吸根。这些呼吸根就像是一些小雕塑，分布在树的周围，帮助落羽杉在过于湿润的土壤中呼吸。如果土壤比较干，落羽杉可能就不会长出呼吸根了。

　　落羽杉的叶子像羽毛一样轻盈飘逸，非常美丽。到了秋天，叶子会变成金黄色至古铜色，就像是映上了阳光的颜色，非常鲜艳。不过，和很多树一样，秋天来了，叶子就会离开树枝，轻轻地飘落在地上。也许正是因为落叶的景色令人印象深刻，在引进中国时，人们才会给它起名为落羽杉。

　　落羽杉的球果也非常有趣，它可以长到二十五毫米那么大。球果生时是绿色的，看起来像是一个小哈密瓜。当它成熟时，会变成淡黄褐色，还披上了一层白色粉末，像是穿上了白纱裙。

　　落羽杉的作用可大了，它可以保持水土、涵养水源，让湿地更加美丽和健康。它还可以吸收大气中的有害气体，减少汽车尾气中的氮氧化合物，从而减少大气中臭氧的发生量和防止光化学烟雾的形成。此外，落羽杉的种子是鸟雀、松鼠等野生动物的美食，对维护湿地生态平衡起到非常重要的作用。因此，许多公园都喜欢在水边种植这种植物。池杉是落羽杉的变种，也被广泛栽种，池杉的叶子为钻形，在树枝上螺旋伸展状排列，和落羽杉有不一样的美。

湿生植物

中文名 水杉
学　名 *Metasequoia glyptostroboides*
柏　目 Cupressales
柏　科 Cupressaceae
水杉属 *Metasequoia*

美丽的古老血脉

水杉

国家一级保护野生植物

　　在中国四川、湖北、湖南交界的地方有很多的山沟，这些地方在苦寒的冰川期成为了无冰的庇护所，保存下来了很多古老的物种，其中之一就是水杉。水杉是中国特有的树种，曾经被认为已经灭绝。上世纪四十年代，我国科学家在四川万县重新发现了水杉活体，被认为是世界植物学界的重大事件。野生水杉生长在重庆市石柱县、湖北利川县的磨刀溪、水杉坝一带，以及湖南西北部的龙山和桑植等地。因为水杉姿态美丽又适应性强，被引种到我国多个省市。甚至被当作珍贵的礼物送给国外的植物园和园林。

　　水杉是雌雄同株的裸子植物，树干笔直挺拔，像一个威武的战士。它的叶子是线形的，像羽毛一样轻盈飘逸。每年六月至七月，花芽开始分化，到了十一月左右，花芽就成熟了。雄花序长约二十厘米，但是要等到翌年二月至三月才开花。雄球花比雌球花早开半个月。

　　当球果成熟时，它们会垂下来，种子成熟时，球果会变成深褐色。球果里有像松果一样的种鳞，种鳞中有木屑一样的种子，可以在空中飘荡。很多时候种子营养不足，或者授粉不良，所以发芽率并不高。水杉也有呼吸根，可以生长在河边比较湿润的土壤中，但它的呼吸根没有落羽杉那么多、那么大。

　　水杉被誉为植物界的"活化石"。我国最古老的水杉已经六百五十岁了，是很多培育水杉的母亲。

牧草织成网

灰化薹草

  在众多草本植物之中，灰化薹草凭借其独特的生存策略和实用价值脱颖而出，成为一种优质的牧草。灰化薹草常常在鄱阳湖的周围成片地生长，它们的外观与禾本科杂草颇为相像，它们均拥有细长的叶片和穗状的花序。然而，作为莎草科的一员，灰化薹草拥有三棱柱形的草茎，这与禾本科植物圆柱形的茎形成了鲜明的对比。它不仅有直立的茎，还有横卧、葡匐于地面的茎，这些茎上能够生长出根和芽，进而形成新的植株。凭借这种方式，灰化薹草能够迅速地将初春的泥地转变为一片郁郁葱葱的薹草地。更令人称奇的是，它们的根系极为发达，能够深入土壤达二十厘米之深。地面上纵横交错的葡匐茎，与地下错综复杂的根系网络相互交织，将原本松散的土壤层层加固，生动地诠释了"盘根错节"的含义。这样的土地虽然不利于人们开垦耕作，但另一个角度来看，草根的稳固作用却能够有效地防止水土流失。

  灰化薹草分布广泛。它们生长迅速且富含粗蛋白，是牛、羊等牲畜的美味食物。牲畜偏爱食用幼嫩的灰化薹草，而人们还可以将其晒干、粉碎或发酵，以便贮存或制成饲料。这一看似平凡的植物，仍在为平凡而重要的每一天贡献着它的能量。

中文名	灰化薹草
学　名	*Carex cinerascens*
禾本目	Poales
莎草科	Cyperaceae
薹草属	*Carex*

中文名	蒌蒿
学　名	*Artemisia selengensis*
菊　目	Asterales
菊　科	Asteraceae
蒿　属	*Artemisia*

水边的"艾草"

蒌蒿

　　气味是一种独特而深刻的感官体验，它不易消逝，还能唤醒内心深处的记忆。或许正因如此，那些散发着芬芳的植物更易于被人记载，历经世代而不衰。早在两千多年前的古籍《诗经·尔雅》中，我们便能见到诸多植物的名称，尽管其中大部分已难以考证，仍有一部分名字，在时间长河的冲刷下，仍牢牢标记着那一棵小草。

　　"蒿蒌""由胡""繁"……这些皆为蒌蒿在古代的不同称谓，蒌蒿就是藜蒿，它常常和腊肉一起炒着吃。"蒌蒿"这一中文正式名来源于唐代的《食疗本草》。宋代诗人苏轼在其《惠崇春江晚景二首》中，以"竹外桃花三两枝，春江水暖鸭先知。蒌蒿满地芦芽短，正是河豚欲上时。"之句，生动描绘了早春时节蒌蒿丛生、生机盎然的景象。蒌蒿全身无毒，自带清香，既可作蔬菜烹饪，亦可制成酱菜，还能入药或提炼为香料，用途广泛。南昌人常常用"鄱阳湖的草，南昌人的宝"来调侃表达对蒌蒿的喜爱。

　　从"蒿"字可知，蒌蒿与常用的驱虫、药用植物艾蒿为同一个属，甚至在某些地区，它还被用作艾蒿的替代品。然而，相较于艾蒿，蒌蒿的气味较为清新，叶片表面没有白柔毛，且更偏爱水边或湿润地带。在某些地域，它又被称为"水艾"或"水蒿"。这一名字既表现了它独特的生态习性，又让它与艾草区分。

湿生植物

```
中文名  蓼子草
学  名  Persicaria criopolitana
石竹目  Caryophyllales
蓼  科  Polygonaceae
蓼  属  Persicaria
```

小小的盛宴

蓼子草

　　在河滩、沙地、水沟边，常常能看见很多成串或者成团的粉色小花，这些植物中很多都是蓼科植物。蓼子草就是其中一种常见的蓼科植物，它的花朵很小，直径仅有几毫米，在花茎顶端聚集成一个小小的花团，精致又可爱。

　　别看蓼子草的花还没有小指甲盖大，但它们能产出很多的花粉和花蜜！养蜂人在秋天将蜂箱置于蓼子草生长的区域，便能收获足量的蜂蜜供蜂群在冬天吃饱。而且，蓼子草的花期很长，可从七月一直延续至十二月。这对于冬季寻找食物的昆虫而言，无疑是"雪中送蜜"。在隆冬时节，鄱阳湖周围也常常有大片开花的蓼子草，那对昆虫来说真是不可多得的盛宴。

　　除了作为昆虫的食物来源，蓼子草还具有一定的药用价值，可清热解毒及治疗毒蛇咬伤。此外，一些地方的酒厂也会将其用作酒曲原料。也许这种特殊的原料能够影响酒曲上微生物的种类和代谢，从而赋予了酒一些独特的风味。

　　蓼子草不仅以其可爱的花朵和丰富的花蜜吸引着昆虫，还以其独特的价值造福着人类。它是大自然中一位不可或缺的甜蜜使者，为我们的生活增添了一抹别样的色彩和滋味。

绒绒香草，似艾非艾

鼠曲草

在稻田里或湿润的草地上，总有一丛丛小小的、开黄色花的小草，它们的叶子圆圆的，有细细的白毛，看起来像是一层柔软的绒毛。这些小草叫作鼠曲草。

鼠曲草的花很可爱，它们是黄色至淡黄色的，只有两毫米至三毫米大，许多小花聚在一起，像是一堆小米。想象一下，在春天的阳光下，金黄色的小花闪闪发光，是不是很美呢？

鼠曲草的茎叶非常柔嫩多汁，还有一股特别的香味。唐代的诗人皮日休曾经写道："深挑乍见牛唇液，细掐徐闻鼠耳香。"这里的"鼠耳"就是鼠曲草，而诗则描写了人们轻轻地采摘这种野菜，放在鼻子上轻嗅的样子，十分生动有趣。

因为鼠曲草有香味又没有毒性，所以人们常常把它加到食物里，给食物增添一些特别的风味。清代的顾景星在《野菜赞》里就记载了用鼠曲草做的饼。还有《台湾府志》里说，每到三月三日，人们就会采摘鼠曲草和米粉一起做成粿，用来祭祀祖先，这个节日就被称为"三月节"。

此外，你们知道吗？有些地方把艾草和鼠曲草弄混了，其实它们是完全不同的植物。但因为鼠曲草和艾草一样有香味又可以吃，所以有些地区的人们也把鼠曲草叫作田艾或野艾。到了端午节挂艾草、用艾草泡茶或者做点心的时候，有些地区的人们用的其实是鼠曲草。这样看来，鼠曲草真的已经深入到了我们的生活中呢。

中文名	鼠曲草
学　名	*Pseudognaphalium affine*
菊　目	Asterales
菊　科	Asteraceae
鼠曲草属	*Pseudognaphalium*

神奇的中国"蜡烛树"

乌桕

蜂蜡是重要的工业材料，它由蜜蜂产出。但是你知道树上也可以结出含有丰富蜡质的果子吗？这就是乌桕（jiù），它有着一千四百多年的栽培历史，是深受人们喜爱的树种。

乌桕树的形状非常优雅，它的叶子是菱形的，春季和夏季是青绿色的，到了秋季就会变成黄红色，和枫叶一样美丽。它的蒴果是梨状球形，成熟时是黑色的。最有趣的是，果皮由三个瓣组成，成熟时会像开花一样裂开，露出里面雪白如珍珠一样的种子。这些种子富含油脂，是鸟类迁徙或过冬必不可少的食物来源。《本草纲目》中还记载了乌桕树的名字来源，是因为乌桕鸟，也就是乌鸫，喜欢吃它的种子。

乌桕树还非常顽强，它对土壤的适应性很强，即使在盐碱地也能生长得很好。而且，它喜欢潮湿的土壤，也能耐短期积水。更厉害的是，它对有毒的气体氟化氢也有很强的抗性。

其实，乌桕子白色的部分是蜡质的假种皮。将种子煮熟揉搓，可以将这层蜡剥离，用来制作香皂、蜡纸和蜡烛。所以，乌桕树也被称为"蜡烛树"。除此之外，乌桕子本身也可以榨油。这种油虽然不能吃，但可以用来制作油漆和油墨。古人还用这种油来点油灯，据说用乌桕油点的灯非常亮。

中文名 乌桕
学　名 *Triadica sebifera*
金虎尾目 Malpighiales
大戟科 Euphorbiaceae
乌桕属 *Triadica*

小小的湿地 大大的能量

湿小鹤的自然观察笔记

② 虫·豸

钟玉兰 迟韵阳 主编

中国林业出版社

目　录

　　昆虫及其他无脊椎动物，尽管体形纤细微小，却以惊人的数量和纷繁的种类傲立于自然界之中。无脊椎动物的种类多样性数倍于脊椎动物，每一种无脊椎动物都承担着独一无二的生态角色。它们可能是媒人，促成植物繁殖；可能是猎手，控制其他生物的数量；可能是清道夫，将其他生物的尸体分解，促进物质循环。它们中的一些种类也会给人类制造麻烦。

　　本分册主要介绍昆虫和其他常见陆生无脊椎动物，采用袁锋教授等编著的《昆虫分类学（第二版）》及瑞士伯尔尼自然史博物馆发布的世界蜘蛛名录（World Spider Catalog ver. 25.5）中的分类系统。

豆娘有"美腿"——叶足扇螋　04

身披玉腰带的"贵族"蜻蜓——玉带蜻　06

在水上"滑冰"的昆虫——圆臀大黾蝽　08

昆虫界的歌唱家——小黄蛉蟋　10

夏日暴雨之前的"虫雨"——黑翅土白蚁　12

昆虫界的模范爸爸——锈色负蝽　14

虫界"钢铁侠"——疑步甲　16

不能用手拍的虫子——梭毒隐翅虫　18

自带气罐潜水的甲虫——尖突牙甲　20

有很多"马甲"的瓢虫——异色瓢虫　22

神奇的生物防治——莲草直胸跳甲　24

模仿蜜蜂，假装很凶的蝇——黑带食蚜蝇　26

神奇的铠甲——黄纹鳞石蛾　28

白菜的不解之缘——菜粉蝶　30

危险的"朋友"——墨胸胡蜂　32

技多不压身——东方蜜蜂　34

猛将也有可爱的一面——中华刀螳　36

家中的小麻烦——淡色库蚊　38

咬人很凶的蚊子——白纹伊蚊　40

蝇虎猛如虎——锈宽胸蝇虎　42

美丽与危险并存——棒毛络新妇　44

强大的蛛丝——大腹园蛛　46

水田中的猎手——拟环纹豹蛛　48

家中的守护者——白额巨蟹蛛　50

能够团成团的"西瓜虫"——普通卷甲虫　52

草地中的"千足虫"——北京小直形马陆　54

不吸血的水蛭——宽体金线蛭　56

最熟悉的蜗牛——灰尖巴蜗牛　58

没有壳的蜗牛——双线巨篷蛞蝓　60

吃其他蜗牛的蜗牛——狮纳蛞蝓　62

节肢动物门·昆虫纲

豆娘有"美腿"

中文名	叶足扇蟌
学　名	*Platycnemis phyllopoda*
蜻蜓目	Odonata
扇蟌科	Platycnemididae
扇蟌属	*Platycnemis*

叶足扇蟌

在水草丛生的安静小河或者池塘边，常常有纤细的豆娘在轻盈地飞舞。看！这只豆娘好像腿上抓着一朵白色的小花呢！原来这是一只叶足扇蟌的雄虫。它的中足和后足有一部分变宽，还变成了白色，看起来就像一片小小的树叶，这就是它的名字中"叶足"的由来。

豆娘的正式中文名叫作蟌（cōng），蜻蜓与蟌都是蜻蜓目的成员，它们的幼虫都在水中生活，也都喜欢吃湿地中的小虫子，但它们也很好区别。首先，豆娘的两个大大的复眼相距比较远，使脑袋看起来像一个哑铃，而蜻蜓的复眼相距较近，脑袋大体是一个球形。此外，大多数豆娘在休息的时候，它们的翅膀会收在背后，而蜻蜓在停下来的时候翅膀会向左右摊开。

叶足扇蟌的雌虫和雄虫在外形上有小小的不同，雌虫没有像白色树叶一样的腿，它的颜色也和雄虫有些差异，绿中偏黄一些。

在繁殖季节，如果两只叶足扇蟌决定了一起生小叶足扇蟌，那么雄性叶足扇蟌就会用尾端夹住雌性叶足扇蟌的脖子，雌性叶足扇蟌将尾部伸到雄性叶足扇蟌胸部后方，两只叶足扇蟌摆成一个心形。

身披玉腰带的"贵族"蜻蜓

玉带蜻

　　水塘边的小舞台上，蜻蜓们正在表演着它们的舞蹈。有一种蜻蜓，它的颜色搭配超级时尚。它的头部、胸部和尾巴都是酷酷的黑色，唯独中间一段是亮丽的白色或黄色，就像时尚界的宠儿一样。它就是玉带蜻！

　　在中国古代，官员们会用玉器来展示自己的身份哦。其中，三品以上的官员会在腰带上穿上玉，那就是玉带啦。同时，古代的人们还认为玄色，也就是黑色，是最尊贵的颜色。看！这只全身黑色的蜻蜓，还有那条白色的腰带，是不是看起来就像一个威风的古代官员呢？

　　你知道吗？蜻蜓目的幼虫小时候叫作水虿（chài）。它们像小鱼一样，完全在水中生活。水虿和蜻蜓一样，都是凶猛的捕食者哦。它们和蜻蜓一样，捕食湿地中的其他小动物，例如蚊子的幼虫。最神奇的是，它们不是用手捕猎，而是用下巴捕猎的。原来，水虿的下唇长出了一个像机械臂一样的结构，叫作"脸盖"，可以快速伸出，抓住猎物，并送入口中。

中文名	玉带蜻
学　名	*Pseudothemis zonata*
蜻蜓目	Odonata
蜻　科	Libellulidae
玉带蜻属	*Pseudothemis*

在水上"滑冰"的昆虫

圆臀大黾蝽

在静静的水面上,有一些小虫子能飞快地滑来滑去,它们就是圆臀大黾(měng)蝽,也叫作水黾。它们身上有细细的绒毛,这些绒毛可以让它们不踩破水的表面,从而不会沉下去。同时,由于水黾在水面上的摩擦力很小,所以它们在水面上的行动方式也和陆地上爬行的动物不太一样,更像在滑冰。

水黾的体形细细长长的,它们的中足和后足特别长,这样可以更多地接触到水面。它们趴在水面上,只吃那些漂在水面上的食物,例如死去的小鱼和不小心掉进水里的小昆虫。

当一些飞着的小昆虫不小心掉进了水里,它们只能拼命地挣扎。这时,水黾的腿就能感受到水面的波动,然后迅速地跳过去,把它们吃掉。

你知道吗?水黾吃饭时不像我们一样大口咀嚼。水黾的口器是刺吸式的,它只能把口器刺进猎物里面,吸食里面的液体。

中文名	圆臀大黾蝽
学 名	*Aquarius paludum*
半翅目	Hemiptera
黾蝽科	Gerridae
大黾蝽属	*Aquarius*

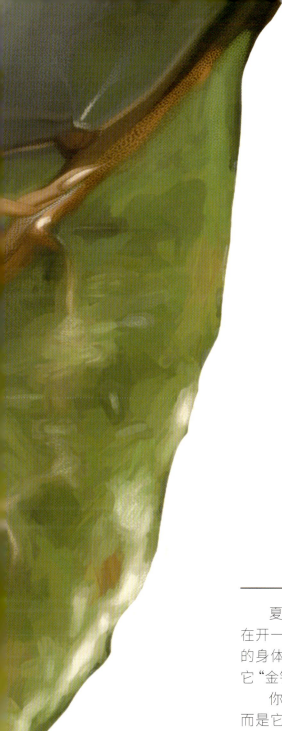

中文名	小黄蛉蟋
学　名	*Natula matsuurai*
直翅目	Orthotrichia
蛉蟋科	Trigonidiidae
小黄蛉蟋属	*Natula*

昆虫界的歌唱家

小黄蛉蟋

夏天的夜晚，晴朗又美丽，草丛里传来了一阵阵虫鸣声，像是在开一场美妙的音乐会。其中，有一种叫小黄蛉蟋的昆虫，因为它的身体是金黄色的，而且叫声如铃铛一般清脆美妙，所以人们都叫它"金铃子"。

你知道吗？小黄蛉蟋的鸣叫声并不是从它们的嘴巴里发出来的，而是它们通过摩擦翅膀产生的。它们先慢慢地叫几声，然后频率会逐渐加快，形成"qū~qū~qūqūqūqū"的标志性鸣声。

其实就像我们说话一样，小黄蛉蟋鸣叫是为了和其他昆虫交流。比如，当它们想要赶走其他昆虫、警告敌人或者向小黄蛉蟋姑娘求爱的时候，就会发出鸣叫声。但如果发现体形太大的敌人，它们反而会停止鸣叫，迅速逃跑。

小黄蛉蟋生活在灌木丛和草丛里，尤其是湿地附近的草丛。它们喜欢吃植物种子和其他小昆虫。在夏天的夜晚，你如果能找到一片草丛，静静地听，或许就能听到小黄蛉蟋那轻灵的鸣叫声了。

节肢动物门·昆虫纲

中文名	黑翅土白蚁
学　名	*Odontotermes formosanus*
蜚蠊目	Blattaria
白蚁科	Termitidae
土白蚁属	*Odontotermes*

夏日暴雨之前的"虫雨"

黑翅土白蚁

每到五六月下暴雨前的闷热傍晚，都会有概率发生一种"虫雨"。无数有黑褐色翅膀的小飞虫会从不知道什么地方飞出来，然后立刻落地，翅膀脱落，相互追逐爬行。这是什么情况呢？

原来，这是黑翅土白蚁，它们平时没有翅膀，在土里筑巢，同时孕育一批有翅膀的"王子""公主"用于繁殖。每到温暖潮湿的天气，有翅膀的土白蚁们就会集体出动，举行一场"相亲大会"。"相亲大会"结束后，大多数土白蚁都会死去，只有少数能配对成功，然后一起到地下建立新的土白蚁王国。

土白蚁是一种社会性昆虫，它们有不同的分工。有负责繁殖的蚁王和蚁后，有负责保卫巢穴的兵蚁，还有负责劳动的工蚁。土白蚁从小时候就可以工作，被称为若蚁，长大以后会根据需要变成不同的"专业形态"。这俨然是一个非常成熟的小社会。

虽然土白蚁会破坏堤坝等人工建筑，还会吃花草树木，给人类带来很大的麻烦。但是在自然状态下，土白蚁的取食对生态系统的物质循环非常重要。如果没有土白蚁这样的生物来处理死去的植物，湿地很快就会被枯木填满，新生的植物就没有地方生长了。所以，土白蚁这样的生物，是大自然不可或缺的成员。

昆虫界的模范爸爸

锈色负蝽

　　负蝽是一种非常勇猛的昆虫，它生活在靠近水边的地方，以捕猎水中的小型动物为生，如蚊子的幼虫、蜻蜓的幼虫，甚至比较小的鱼和蝌蚪也会成为它们的猎物呢！和其他蝽一样，它会释放出一种特殊的臭味。锈色负蝽的背上是黄褐色的，看起来像生了锈一样。

　　名字里有"负"字的动物通常都要背负着什么东西。负蝽，背负的就是它的卵。雌虫在交配后，会把卵产在雄虫的背上。雄虫则会保护这些卵，不让其他动物吃掉它们。背着卵的时候，雄虫的行动不能如原本一样灵活，当卵特别多的时候雄虫还会因为太重而失去飞行能力。这让雄虫更难捕食或逃避天敌。但是，雄虫为了自己的孩子能够顺利出生，愿意付出这些代价。亲力亲为保护卵的雄性锈色负蝽真是昆虫界的模范爸爸。

中文名	锈色负蝽
学　名	*Diplonychus rusticus*
半翅目	Hemiptera
负蝽科	Belostomatidae
负蝽属	*Diplonychus*

中文名	疑步甲
学　名	*Carabus elysii*
鞘翅目	Colecoptera
步甲科	Carabidae
大步甲属	*Carabus*

虫界"钢铁侠"

疑步甲

　　蜜蜂、蚊子、苍蝇……生活中见到的昆虫体形一般很少超过指甲盖那么大，但是，有些昆虫的体形却非常大，这些大个头的昆虫，常常因为它们帅气或者美丽的外形而深受人们的喜爱。

　　疑步甲就是一种非常特别、极具观赏性的大个头昆虫。疑步甲的体形比大拇指还要大，色彩非常鲜艳。它的前胸是红色的，鞘翅是绿色的，整个虫体还流着金属一般的光泽，看起来就像威风凛凛的"钢铁侠"。

　　昆虫的色彩并不是由色素形成的，而是通过极为微小的物理结构对光进行反射形成的。这种色彩和金属质感让昆虫看起来非常漂亮，就像穿着一件闪亮的"外衣"。

　　除了外形美丽，疑步甲还是一个运动高手呢！它的跑步速度在昆虫中是非常快的，这是它为了捕猎而进化出来的特长。作为一种肉食昆虫，它需要快速追上其他昆虫、蜗牛或者蚯蚓等小动物的步伐，才能成功捕获猎物。

　　而且，疑步甲还有一个神奇的"化学武器"。它腹部末端的防御腺能喷出一种含有有机酸等化学物质的混合物。这种混合物具有臭味和腐蚀性，会让尝试抓捕它的鸟类和其他大型动物避而远之。这样，疑步甲就能保护自己，不被天敌攻击啦！

节肢动物门·昆虫纲

不能用手拍的虫子

梭毒隐翅虫

　　夏天，忽然有小虫子落到身上时，人们可能会下意识地随手一拍。不过，有一种黑红相间的小虫子，可千万不能用手拍它，因为那样也许会造成比较严重的后果。这种黑红相间的小虫子叫作梭毒隐翅虫。

　　梭毒隐翅虫是一种常见的小甲虫，通常在河流附近的植物上活动，也会被夜间的灯光吸引。同其他毒隐翅虫属的种类一样，它的体液具有隐翅虫毒素。当梭毒隐翅虫受伤后流出的体液接触到人的皮肤后，会让皮肤鼓起又疼又痒的大水疱。这种由毒隐翅虫引起的症状叫作隐翅虫皮炎。

　　毒隐翅虫通常是黑红相间的体色，这种鲜艳的体色非常显眼，是一种警告，告诫捕食者不要轻易吃它们。这样具有警示作用的颜色被称为警戒色。

　　隐翅虫虽然鞘翅很短，但多数种类善于飞行。当它们降落休息时，腹部会向上扭动，将一对长长的后翅顶回并折叠藏在前翅下面。这种收翅的方式如同把后翅隐藏起来一般，因此它们得名"隐翅虫"。隐翅虫是杂食性的昆虫，小昆虫、植物残渣或者湿地中其他的有机碎屑都是它们的食物。

　　虽然绝大多数隐翅虫对人并没有威胁，不过万一有黑红相间的隐翅虫落到你身上，应该怎么办呢？让它离开的正确方法是，找一片树叶，让隐翅虫爬到树叶上，然后把树叶扔掉。

中文名 梭毒隐翅虫
学　名 *Carabus elysii*
鞘翅目 Colecoptera
隐翅虫科 Staphylinidae
毒隐翅虫属 *Paederus*

中文名 尖突牙甲
学　名 *Hydrophilus acuminatus*
鞘翅目 Colecoptera
牙甲科 Hydrophilidae
牙甲属 *Hydrophilus*

自带气罐潜水的甲虫

尖突牙甲

　　潜水员在潜入水下时，都要背上一罐空气，这样他们才能呼吸。有一种甲虫，竟然也学会了潜水这项神奇的本领。尖突牙甲的成虫肚子上，长着一层能防水的细细的毛，在它们潜入水中时，这些细毛就会排开水，在腹部形成一层空气薄膜，科学家称呼它为"气盾"。这层气盾与它们圆鼓鼓的鞘翅一起，形成了一个小小的储气空间。尖突牙甲没有鼻子，是通过肚子背侧气门呼吸的。所以，当它们在水下觅食的时候，就正好可以从这个小空间呼吸。

　　当尖突牙甲需要换气的时候，它们会游到水面上，将藏在头部的触角伸出水面，这个触角也是防水的，就像一个换气管一样将储气空间中的空气与水面上的空气相通。接下来，尖突牙甲通过挤压和收缩肚子，改变储气空间的大小，从而排出废气，吸入新鲜的空气。

　　牙甲的成虫取食腐烂的植物，幼虫则可以捕食湿地的其他小型动物。

　　尖突牙甲为了更适应潜水生活，还有其他特技。它们能通过调节鞘翅内的储气量，改变自身在水中的浮力，从而在不同的深度觅食，就像潜水艇一样。同时，为了在水下游得更快，尖突牙甲的后腿变得扁扁的，边缘还长了很多长毛，这样它们后腿的形状就像船桨。科学家给这样的足起名为"游泳足"。

有很多"马甲"的瓢虫

异色瓢虫

自然界中，大部分情况下同一种动物都会长得一样。但是有一种瓢虫，它的鞘翅可能有几千种不同的花纹，这种瓢虫叫作异色瓢虫。

上千种不同的花纹，那科学家是怎么确定它们都是同一种物种呢？原来，它们的鞘翅末端有一个特别的小标记——一条横着的突起的脊，这是它们身份的证明，不管是什么样的花色，只要看到这个脊，就可以辨认出异色瓢虫。

遇到危险的时候，异色瓢虫也有自己的"防身术"。它们会立刻把头和腿缩起来，从植物上落到地上，这样敌人就很难发现它啦！如果真的被抓住了，它们还会从腿部的关节处分泌一种黄色的液体，这种液体散发出很臭的味道，还含有有毒的生物碱，会让敌人闻到后觉得头晕目眩，然后它们立刻逃跑。

异色瓢虫的幼虫和成虫都非常喜欢吃蚜虫，自然状态下，它们对控制蚜虫的数量起到非常重要的作用。人们利用瓢虫的这一习性对蚜虫进行生物防治。然而人为引入异色瓢虫控制不力，也会引起麻烦。异色瓢虫的数量越来越多，很多对人类无害甚至有益的昆虫也开始遭殃，被异色瓢虫"欺压"，一些昆虫变得越来越少。

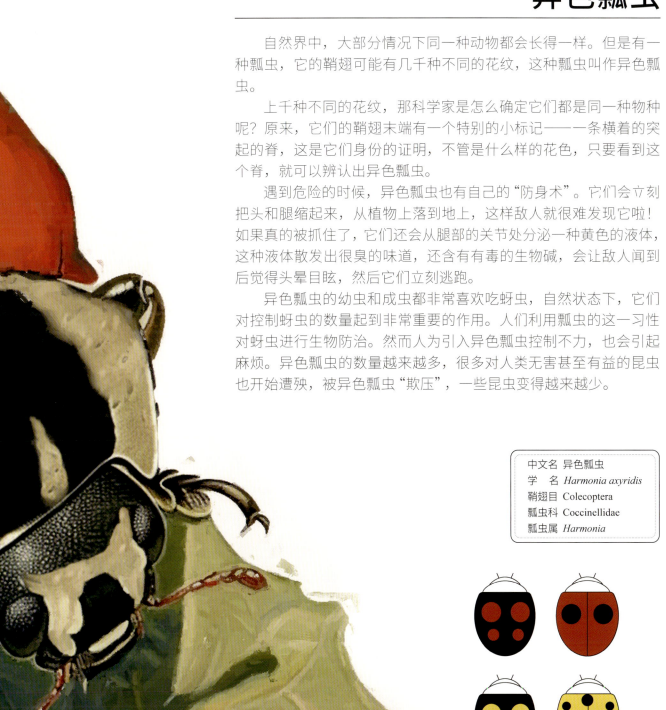

中文名	异色瓢虫
学　名	*Harmonia axyridis*
鞘翅目	Coleoptera
瓢虫科	Coccinellidae
瓢虫属	*Harmonia*

神奇的生物防治

莲草直胸跳甲

在湿地里，有一种叫作喜旱莲子草的植物，它可不是一个乖宝宝哦！它是个生长能力超强的入侵者，会把其他植物的生存空间都抢走。靠人力割草太累，用化学药物除草会造成污染，而且这些方法都不能专门去除喜旱莲子草而不损害其他植物。那么，怎么对付它呢？

有个好办法就是请它的天敌来帮忙！比如，莲草直胸跳甲就是一个小小的天敌。莲草直胸跳甲只吃喜旱莲子草，它无毒无害，可以和其他的生物友好地生活在一起。有了莲草直胸跳甲，喜旱莲子草的生长就会受到抑制，给其他草留下生存空间。

用天敌来防治，既省力又环保。只是有一点小问题，就是找到像莲草直胸跳甲这样食性专一、不会误伤其他植物的天敌昆虫有点难。所以，每个物种都可能有它的"绝技"，这就是科学家保护物种多样性、发现新物种的研究意义之一。

跳甲这类昆虫的后腿上有一节特别膨大的部分，里面充满了肌肉，这让它跳得特别高、特别远。虽然比不上跳高冠军蚂蚱，但在甲虫家族里，它可是跳得最高、最远的哦！

中文名	莲草直胸跳甲
学 名	*Agasicles hydrophila*
鞘翅目	Colecoptera
叶甲科	Chrysomelidae
直胸跳甲属	*Agasicles*

模仿蜜蜂，假装很凶的蝇

黑带食蚜蝇

　　小朋友们都知道，不要去招惹蜜蜂，因为被蜜蜂蜇了会很疼。其实，不只是人类，有很多动物都知道不要去招惹蜜蜂，所以有些昆虫通过模仿蜜蜂的外形来寻求保护。

　　黑带食蚜蝇就是一种模仿蜜蜂的昆虫，它们和蜜蜂一样喜欢取食花蜜。虽然它们的外表看起来很凶，但其实它们并没有蜜蜂的毒针，也不会咬人。即使把黑带食蚜蝇抓在手里，它也不能伤害你一丝一毫。所以，为了保护自己，黑带食蚜蝇模仿蜜蜂的外形，让捕食者觉得它并不好惹，从而不敢轻易靠近。这种通过模仿其他东西来迷惑敌人的技能叫"拟态"。

　　黑带食蚜蝇和苍蝇是亲戚，如果你仔细观察，会发现黑带食蚜蝇和苍蝇的形状其实很像，翅膀也只有两片，而不像蜜蜂一样有四片翅膀。但与苍蝇不同，黑带食蚜蝇的幼虫可以吃掉农作物上的蚜虫，而成虫还可以帮助传播花粉，对湿地中的植物有很大的帮助呢！

　　还有一个小秘密要告诉你：食蚜蝇除了喜欢花蜜，还会吸食盐分。所以，有时候你会发现食蚜蝇停在你的皮肤上吸食汗水。它并不是在恶作剧，而是为了补充身体所需的矿物质。所以，如果它停在你的身上，就请你看在它那么可爱的分上，轻轻赶走它就好了，不要伤害它哦！

中文名	黑带食蚜蝇
学　名	*Episyrphus balteatus*
双翅目	Diptera
食蚜蝇科	Syrphidae
黑带食蚜蝇属	*Episyrphus*

节肢动物门·昆虫纲

神奇的铠甲

黄纹鳞石蛾

你有没有在清澈的小溪里,发现过一些由树叶或小石头组成的小圆筒?它们还会动呢!其实,这些圆筒是石蛾们的"迷彩铠甲"。

生活在溪流中的黄纹鳞石蛾幼虫,和可爱的蚕宝宝一样会吐丝。当它们刚出生不久,就会用沙粒做成一个小圆筒,把身体包裹在里面,这样就不会被水中的捕食者捕食了。随着它们慢慢长大,还会啃食水中的枯叶,把这些叶子做成四棱柱形的保护套穿在身上。因为它们平时就趴在湿地水底的枯叶上,所以这个保护套可以和环境融为一体,如果不仔细看,真的很难发现!

和蚕宝宝一样,黄纹鳞石蛾也会变成飞虫。在化蛹的时候,它们会把"铠甲"和自己一起固定在石缝中,这样就不会被水冲走了。等到羽化的那一天,它们就会从蛹里钻出来,长出两对轻盈的翅膀,然后飞离小溪,在河岸边生活。

中文名 黄纹鳞石蛾
学　名 *Lepidostoma flavum*
毛翅目 Trichoptera
鳞石蛾科 Lepidostomatidae
鳞石蛾属 *Lepidostoma*

28

节肢动物门·昆虫纲

白菜的不解之缘

中文名	菜粉蝶
学　名	*Pieris rapae*
鳞翅目	Lepidoptera
粉蝶科	Pieridae
粉蝶属	*Pieris*

菜粉蝶

在春夏季节里，城市和乡间总会有许多白色的小蝴蝶飞舞，它们就是可爱的菜粉蝶。菜粉蝶是中国最常见的蝴蝶之一，它们有着非常有趣的一生。菜粉蝶的幼虫被叫作菜青虫，绿色的，毛茸茸的，看起来就像一只典型的毛毛虫。它们也像典型的毛毛虫一样，喜欢取食各类菜叶，比如青菜、白菜和油菜，或者湿地附近的野草。然后像毛毛虫一样蜕皮，像毛毛虫一样化蛹，像毛毛虫一样变成美丽的蝴蝶，在花丛中翩翩起舞，吸食花蜜。

菜粉蝶依靠视觉和嗅觉来寻找食物和伴侣。如果你想快速吸引菜粉蝶的注意，可以试试这个小技巧：将一张白纸系在绳子上随风飘荡，菜粉蝶就会以为这张纸是它的同类，然后飞过来和它玩耍。此外，菜粉蝶还很喜欢青菜的特殊气味和蓝色、紫色和黄色的花。如果你将青菜的汁液涂在黄色的纸上，也能吸引菜粉蝶飞过来和你亲密接触。

节肢动物门·昆虫纲

中文名	墨胸胡蜂
学　名	*Vespa velutina nigrithorax*
膜翅目	Hymenoptera
胡蜂科	Vespidae
胡蜂属	*Vespa*

危险的"朋友"

墨胸胡蜂

在树林里,有一种身穿黑袍的马蜂,名叫墨胸胡蜂。当你看到它的时候,一定要离它远远的,因为它是危险的生物。如果你不小心离得太近,墨胸胡蜂会用毒刺狠狠地刺你,让你疼得像被针扎一样。更糟糕的是,它的毒刺里有很多毒素,会让你的伤口肿起来,甚至会引发肾衰竭和过敏性休克,让你有生命危险。

墨胸胡蜂是非常聪明的社会性昆虫,如果有一只墨胸胡蜂受到了你的威胁,而它的巢穴就在附近,那么它所有的同伴都可能会来攻击你。这样一来,你就有可能会被一群墨胸胡蜂围攻,真的会小命不保哦!

墨胸胡蜂的家可能建在树丛或岩壁中,在初夏的时候,有些胡蜂家族会"搬家",在大树或高楼上建成篮球那么大的"豪宅"。如果你在家附近发现了它们的巢穴,一定要告诉消防员来处理,千万不要自己动手去摘。

虽然墨胸胡蜂很危险,但它们是我们生态圈中的重要成员。它们会捕食蚊蝇和许多湿地中的其他昆虫,维护生态平衡。所以,尽管它们会蜇人,我们也不能把它们赶尽杀绝哦!

技多不压身

东方蜜蜂

　　蜜蜂是与人类联系紧密的昆虫，蜂蜜不仅甜甜的很好吃，还对身体有很多好处呢。蜂蜜可以帮助我们缓解咳嗽，可以让伤口更快地恢复，甚至还可以帮助我们提高记忆力。而且，蜜蜂还能生产出其他很多有用的东西，比如蜂蜡。蜜蜂不仅为我们提供了食物，还提供了工业原料。无论在哪里，蜜蜂都深受人们的喜爱。

　　亚洲原产的蜜蜂被称为东方蜜蜂，和原产欧洲与非洲的西方蜜蜂虽然有些不同，但它们都有自己的优势。东方蜜蜂的体形较小，产蜜量也不如西方蜜蜂，但它们对螨虫的抵抗力更强，能在更低的温度下采蜜，还更擅长搜集小片的、零星的花蜜。

　　为了更有效地采集花蜜和花粉，蜜蜂学会了很多技能。首先，它们非常擅长团队合作。在蜂巢里，每只蜜蜂都有自己的职责，这样大家可以一起有条不紊地工作，无论是照顾小蜜蜂、采蜜，还是保护蜂巢，都能齐心协力。其次，蜜蜂还会建造坚固又巧妙的蜂巢。这种六边形的家不仅可以养育小蜜蜂，还可以储存大量的蜂蜜。而六边形设计非常节约空间和劳动力。最后，蜜蜂还有特别的交流方式，如果一只蜜蜂发现了一片新的花田，它会跳起"圆圈舞"或"8字舞"，这样其他蜜蜂就知道哪里又有新的花蜜吃了。

　　除此之外，蜜蜂工作时还有硬件支持哦，它们后腿的一部分被改造成了"花粉篮"，用来搜集花粉。有时候你会看到它们的腿上挂着黄澄澄的花粉块，那就是它们满满的花粉篮哦！

中文名 东方蜜蜂
学　名 *Apis cerana cerana*
膜翅目 Hymenoptera
蜜蜂科 Apidae
蜜蜂属 *Apis*

猛将也有可爱的一面

中华刀螳

在一片碧绿的草丛中，隐藏着一种神秘的生物。它们身材修长，通体碧绿，是完美的伪装者。它们手持两把大折刀，一旦锁定目标，就会迅速出击，一举捕获猎物。它们就是螳螂——草丛中的秘密刺客。螳螂是自然界的捕食高手，它们的速度和敏捷度让人惊叹。同时，它们能够捕食大量的蚂蚱、蝗虫和苍蝇等害虫，为湿地的各种植物保驾护航。

中华刀螳是螳螂中的强者，它们体形魁梧，大刀更是威猛。不仅能捕食其他昆虫，甚至敢于向蜥蜴和幼蛇发起挑战。但你知道吗？当螳螂感觉受到威胁时，它会摆出一种特殊的姿势——前足高举，像是在恐吓。但这个动作对于大型动物，例如人类，没有任何威胁。因此产生了"螳臂当车"这样的成语，来形容螳螂的不自量力。

古希腊人观察到螳螂前足收拢、竖于胸前一动不动的样子，认为螳螂是在祈祷，因此给它们取名为"先知"。这也成为了螳螂英文名Mantis的由来。

尽管螳螂在捕食时凶猛无情，但它们也有温柔的一面。在闲暇时刻，螳螂会用嘴巴细心地清理自己的六条腿和触角，好像幼儿在吃手，这种可爱的动作让人不禁对它们心生喜爱。

每个人眼中的螳螂可能都有所不同。有人看到的是勇敢的战士，有人看到的是有勇无谋的莽夫，有人看到的是虔诚的祈祷者，还有人看到的是可爱的萌宠。那么在你眼中，螳螂是什么形象呢？

中文名	中华刀螳
学　名	*Tenodera sinensis*
螳螂目	Mantodea
螳　科	Mantidae
刀螳属	*Tenodera*

家中的小麻烦

淡色库蚊

天气变暖时，有一个小麻烦也会悄悄地靠近我们，那就是蚊子。蚊子真的太狡猾了，总是趁我们不注意的时候，吸我们的血，让我们身上长出痒痒的包，还有可能传播疾病。到了晚上，蚊子还会在我们耳边嗡嗡嗡地叫，让我们睡不好觉。

淡色库蚊是我国最常见的蚊子之一。它们几乎全年都在活动，从三月一直到十一月。冬天的时候，它们会找个安静的角落躲起来，等到春天再出来。

你知道蚊子喜欢什么吗？温暖的地方和呼出的二氧化碳都能吸引蚊子。理论上，只要是活着的脊椎动物，都有可能被蚊子盯上。但其实只有雌性蚊子会吸血，因为它们需要血液中的营养来生宝宝，雄性蚊子则只吸食植物汁液。

蚊子的幼虫叫孑（jié）孓（jué），它们生活在水中，常常倒立着漂浮在水面下方，同时伸出一根管子进行呼吸。淡色库蚊特别喜欢在不流动的污水中产卵。所以，家里的下水道、阳台上积水的瓶子和忘记换水的花瓶里，都可能有孑孓。常常清理下水道和家里积水的地方，有助于减少家里的蚊子。湿地的水中也有很多孑孓，但一个健康的湿地生态系统中会有很多它们的天敌，所以有时你会觉得，山野中的蚊子甚至比城市中还要少。

了解蚊子的小秘密后，我们就可以更好地预防它们了。让我们行动起来，保护自己，不受蚊子的打扰吧。

中文名	淡色库蚊
学　名	*Culex pipiens pallens*
双翅目	Diptera
蚊　科	Culicidae
库蚊属	*Culex*

咬人很凶的蚊子

白纹伊蚊

你们有没有注意到,有时候蚊子包小小的,有时候蚊子包却肿得很大呢?其实,那种大包可能是来自一种叫白纹伊蚊的蚊子哦!

白纹伊蚊也是在中国常见的蚊子,它们的翅膀上几乎没有斑点,但是身体上有好多黑白相间的花纹,所以人们也叫它"花蚊子"。这种蚊子特别喜欢在白天活动,还喜欢阴暗潮湿的地方。它们叮人的时候非常凶猛,人们被叮后往往会肿起很大的包,还会传播登革热、乙型脑炎、基孔肯雅热等疾病,人们都叫它"亚洲虎蚊"。

蚊子的口器有非常复杂的结构,其中,尖利的上颚破开皮肤,有锯齿的下颚对皮肤进行切割,寻找血管,下唇则像保护套一样对其余口器进行支撑和引导,同时舌头分泌含有麻醉和抗凝血物质的唾液物质,并用上唇吸血。

所以,为了防治白纹伊蚊的幼虫,也就是孑孓,我们可以定期清理家附近可能积水的地方,比如水沟,以及室外放置的轮胎、水缸、花盆和碗等容易积攒雨水的地方。把这些地方的水清理干净,白纹伊蚊的幼虫就没有地方可以生长了。

在湿地中,白纹伊蚊的幼虫是很多小鱼、昆虫及其他水生动物的食物。虽然人类很讨厌它们,但湿地中的生物或许很喜欢它们呢。

中文名	白纹伊蚊
学 名	*Aedes albopictus*
双翅目	Diptera
蚊 科	Culicidae
伊蚊属	*Aedes*

中文名	锈宽胸蝇虎
学　名	*Rhene rubrigera*
蜘蛛目	Araneae
跳蛛科	Salticidae
宽胸蝇虎属	*Rhene*

蝇虎猛如虎

锈宽胸蝇虎

　　提到蜘蛛，你是不是立刻想到蜘蛛网？然而，不是所有蜘蛛都会结网。在低矮的灌木草丛中，藏着一种特别的小蜘蛛，它们的雄性一般背上具有着铁锈色的花纹，因此被叫作锈宽胸蝇虎。

　　你知道吗？和昆虫不同，蜘蛛的腹部没有保水的几丁质外壳包裹。换句话说，蜘蛛是不耐干旱的生物，这就是为什么自然界的许多蜘蛛都喜欢在湿地附近或者阴暗潮湿的角落生活。

　　锈宽胸蝇虎是跳蛛科家族的一员，它们虽然会吐丝，但不会结网，它更多时候扮演着身手矫健的猎手角色。和大多数其他种类的跳蛛一样，同属于游猎型蜘蛛，即四处游走，主动捕猎小虫子。偶尔，在锈宽胸蝇虎失足跌落的时候，它们会用丝来避免自己摔伤。

　　白天是锈宽胸蝇虎最活跃的时候，它们晚上一般休息。作为一位主动出击的猎手，锈宽胸蝇虎有一双大大的眼睛和超强的视力。锈宽胸蝇虎非常聪明，不仅善于跳跃，还能准确地估计跳跃的轨迹，一招"饿虎扑食"快速拿下猎物。可能人们看到这种蜘蛛能像老虎一样快速地扑倒苍蝇，所以才会给它取名叫蝇虎吧！

　　锈宽胸蝇虎还会跳舞哦，在求偶季节，锈宽胸蝇虎小伙子会在阳光充足的地方挥舞小爪子，并且身体左右摇晃，向蝇虎姑娘展示魅力。

美丽与危险并存

棒毛络新妇

在乡野湿地的树枝之间,常常会有蜘蛛结网,其中有一种美丽的长腿蜘蛛常常吸引人们的目光。它们优雅地趴在金色大网的中心,细长的腿、修长的身姿,还有肚子上那鲜艳的大红斑,让它们看起来既美艳又时髦。这就是棒毛络新妇。

"络新妇"这个名字其实源于日本传说中的一种吃人妖怪。这个传说可能是源于人们观察到这种蜘蛛有时会把求偶的雄性吃掉。在棒毛络新妇蜘蛛中,雌蛛的体形是雄蛛的四倍左右,所以在雌蛛看来,雄蛛和那些撞到网上的小虫子差不多大。可怜的雄蛛在尝试交配时候,也会面临不小心被雌蛛吃掉的风险。棒毛络新妇的体色鲜艳,又有这样独特的习性,真的给人一种既美丽又危险的感觉。

棒毛络新妇身上的黄点能够强烈反射紫外光,而昆虫对这种紫外光非常敏感。这些黄点就像一个个小灯塔,吸引着昆虫向它们的网飞过来。

这就是棒毛络新妇,它们用华丽的大网捕捉猎物,用鲜艳的色彩吸引猎物,同时也隐藏着小小的危险。

中文名	棒毛络新妇
学　名	*Trichonephila clavata*
蜘蛛目	Araneae
园蛛科	Araneidae
毛络新妇属	*Trichonephila*

节肢动物门·蛛形纲

强大的蛛丝

大腹园蛛

　　大腹园蛛，一个名字听起来就"大腹便便"的蜘蛛。它的体长约二十毫米，那圆润饱满的腹部很有特点，让人一看就能记住它的名字。它们也常常在湿地附近生存，结出漂亮的网。

　　园蛛科的小蜘蛛们有一个英文名字叫作 Orb-weaver spider，意思是织圆网的蜘蛛。大腹园蛛的网不仅圆，而且很坚固，它不仅有很强的黏性，还有很好的韧性。依靠强韧的蛛网，大腹园蛛是个超级厉害的猎手。

　　蜘蛛的丝是从肚子上的特殊腺体里分泌出来的，腺体的开口处有一些小小的突起物，叫作纺器，看起来像肚子上的"小触角"。腺体分泌的是液态物质，它们经过纺器的挤压和蜘蛛后腿的抽拉，变成固体的丝线。蜘蛛丝的强度其实超乎你的想象，大约是同等质量钢丝的五倍呢！想象一下，铅笔芯粗细的蜘蛛丝就能拉动一艘万吨级的远洋货轮。蜘蛛丝的韧性更是钢丝的十倍。兼具高强度和高韧性的蜘蛛丝真的可以称为"生物钢材"。

　　现在，人们已经发现了蜘蛛丝的很多用途。在军工、建筑等领域，蜘蛛丝都大展身手，被用来制作防弹衣和各种军用装备的防护罩。

中文名	大腹园蛛
学　名	*Araneus ventricosus*
蜘蛛目	Araneae
园蛛科	Araneidae
园蛛属	*Araneus*

中文名	拟环纹豹蛛
学　名	*Pardosa pseudoannulata*
蜘蛛目	Araneae
狼蛛科	Lycosidae
豹蛛属	*Pardosa*

水田中的猎手

拟环纹豹蛛

　　拟环纹豹蛛是一种喜欢在水边草丛中活动的蜘蛛，它们是不结网的游猎型蜘蛛，可以在草叶、水面和地面上活动，捕捉飞虱、叶蝉等昆虫。它们的食量很大，是农田里活跃的小小猎手。这类蜘蛛的步足特别长，上面还有长刺，看起来很威武。

　　成熟的狼蛛科雄性蜘蛛有着各种毛饰物的触肢。这些显眼的花纹可能是它们用来识别同类的标记。拟环纹豹蛛的毛饰物样式很有特色，它的胫节密密麻麻布满白毛，而跗节则是黑毛密布，形成黑白相间的图案。

　　当雄蛛发现雌蛛时，它会做出一些有趣的动作。雄蛛会面对雌蛛挥舞触肢，就像在划桨一样，希望能赢得雌蛛的喜爱。如果雌蛛身体不动，只摆动触须，那就表示它接受求爱；如果雌蛛抬起头做出捕食的姿势，那就表示它不接受求爱，这时雄蛛就会立刻逃走，因为和许多蜘蛛一样，雄蛛在交配的时候可能会被雌蛛吃掉，真是太危险了。

　　雌性拟环纹豹蛛虽然不织网，但它们会用蜘蛛丝将卵包裹在一起，做成一个卵囊。它们会把卵囊挂在纺器上活动，一旦周围有动静，它们就会立刻把卵囊抱在怀里，生怕被抢走。

中文名	白额巨蟹蛛
学　名	*Heteropoda venatoria*
蜘蛛目	Araneae
巨蟹蛛科	Sparassidae
巨蟹蛛属	*Heteropoda*

家中的守护者

白额巨蟹蛛

在很久没有清洁过的角落里，可能会长出蜘蛛网，这是家里住着蜘蛛的证明。但即使没有蜘蛛网，家里也可能藏着一只大蜘蛛，它的名字叫作白额巨蟹蛛。白额巨蟹蛛差不多有小朋友的手掌那么大，在蜘蛛的世界里，白额巨蟹蛛算是大块头了。白额巨蟹蛛的身体扁扁的，像一只螃蟹，而且它有八只脚，都平摊在身体两侧。更特别的是，白额巨蟹蛛的头部前面有一条白色的纹路，这也就是它名字的由来。

白额巨蟹蛛的分布很广，无论是低海拔山区还是平原地区，都有它的身影。在房间内或者农舍附近，以及田地或湿地的边上，都可能见到它。白天的时候，白额巨蟹蛛喜欢躲在石头的缝隙里或者家里的各种家具附近，等到夜晚才出来寻找食物。它行动非常敏捷，而且很耐饿。白额巨蟹蛛的主要食物是各种节肢动物，蟑螂也在它的菜单上。

你是不是在想：如果我家里有只白额巨蟹蛛，是不是就不会有蟑螂了？这个想法确实有点道理，但效率并不高。虽然白额巨蟹蛛会吃蟑螂，但并不能把家里的蟑螂赶尽杀绝。要想真正防治蟑螂，最好的办法还是保持家里的卫生，让蟑螂没有藏身之地。

所以，下次当你看到白额巨蟹蛛的时候，别害怕，它其实是家里的小小守护者呢！

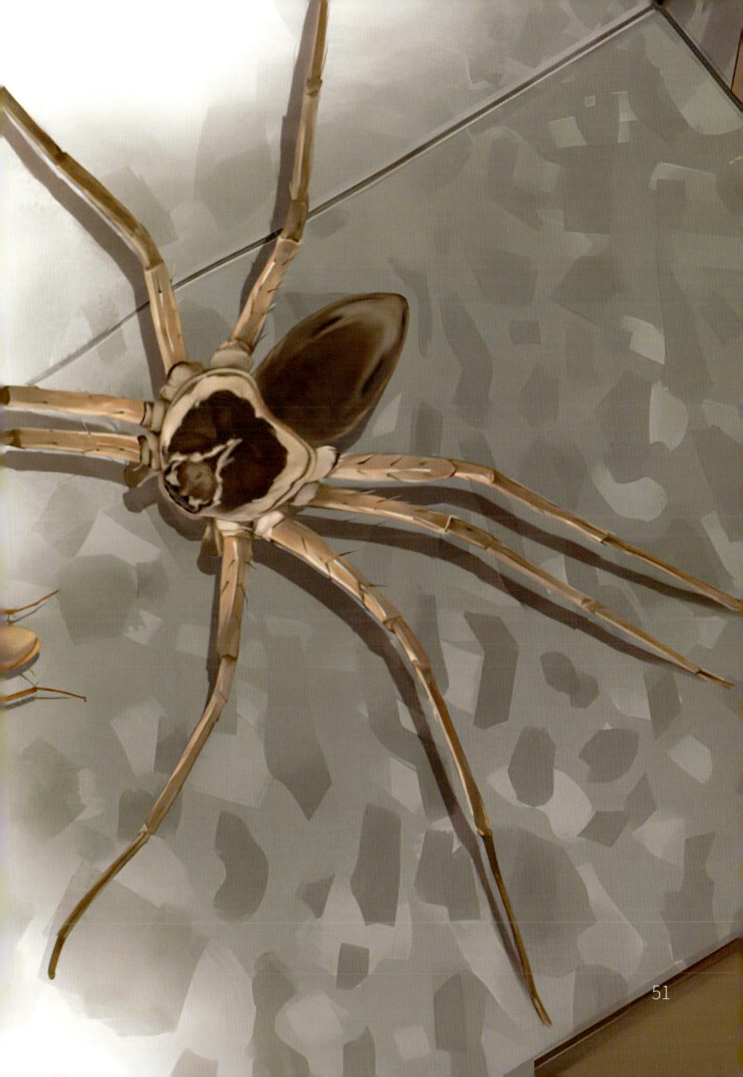

节肢动物门·软甲纲

能够团成团的"西瓜虫"

普通卷甲虫

普通卷甲虫,就是小朋友们口中常说的"西瓜虫"。它是世界性分布的物种,在我国分布也非常广泛。它们生活在田野、民房室内、建筑物基部等阴暗潮湿的地方,湿地附近也是它们喜欢的住处。翻开石头、落叶,你就很有可能找到它们。它们喜食植物的叶、根,以及某些蔬菜,如土豆、胡萝卜、萝卜等。

虽然名字叫甲虫,但普通卷甲虫和甲虫并没有关系,它们属于软甲纲等足目,和昆虫纲的区别在于:昆虫纲有六条腿,往往长度不一样;而等足目有十四条腿,长度和形态都相似。

普通卷甲虫的体色为深灰色至浅黑色。一般成熟的个体长一厘米左右,胸腹背板拱隆。有些个体的背上会有三条浅色的斑纹,在雌性的个体上会更明显。

有人会将普通卷甲虫叫成鼠妇,但它们其实并不是分类学家所说的"鼠妇",尽管两者的外形很像,真正的鼠妇并不像卷甲虫那样能够轻易蜷缩成球,并且会有两个小小的尾巴。而普通卷甲虫,正如它的俗名"西瓜虫"那样,在受到惊吓时候能够迅速团成一个"小西瓜"。

中文名 普通卷甲虫
学　名 *Armadillidium vulgare*
等足目 Isopoda
卷甲虫科 Armadillidiidae
卷甲虫属 *Armadillidium*

中文名	北京小直形马陆
学　名	*Orthomorphella pekuensis*
带马陆目	Diplopoda
条马陆科	Polydesmida
直形马陆属	*Orthomorphella*

草地中的"千足虫"

北京小直形马陆

　　人类有两条腿，小狗有四条腿，昆虫有六条腿……有"一千条"腿的动物会是什么样呢？在城市的绿地里，常常看见一种黑色的小虫子。它们有好多好多条腿，身体细长细长的，体长约有三厘米。它们的身体是黑色的，两侧却有亮黄色的边缘，摸起来硬硬的，好像穿了一层铠甲的毛毛虫。这就是北京小直形马陆，一种在中国常见的马陆。

　　马陆的身体从第五节开始，每个体节都有四条腿，看起来很多，所以俗称"千足虫"。但其实大多数马陆的腿都不到一百条。走路时，身体两边的两行脚有序地移动，形成了一波一波的图案，好像两条舞动的花边。虽然它们看起来有点可怕，但其实对人和动植物都没有太大的伤害。这些小家伙们喜欢阴暗潮湿的地方，常常躲在枯枝落叶堆或草丛中，吃一些半腐烂的植物残渣。有时候，我们也能在树木和石块上看到它们的身影。

　　北京小直马陆没有太多的自保能力，如果遇到危险，它们会释放一些臭臭的液体，并且把自己卷起来，盘成蚊香一样的圈进行防御。这个行为和普通卷甲虫有点像。

　　有时候，北京小直形马陆会大规模出现在道路上，数量惊人，看起来非常吓人。这种"马陆集会"没什么危害，但是人们还没弄清楚这种情况出现的原因，猜测可能与迁徙有关。

不吸血的水蛭

中文名	宽体金线蛭
学　名	*Whitmania pigra*
无吻蛭目	Arhynchobdellida
黄蛭科	Haemopidae
金线蛭属	*Whitmania*

宽体金线蛭

当你们去野外或者农田里玩水时，常常会有人提醒你们小心蚂蟥。蚂蟥也叫水蛭，它会吸附在人或动物的身上吸血，还会让血流得到处都是，看起来非常吓人。

然而不是所有蚂蟥都会吸血，宽体金线蛭就是一种不吸血的蚂蟥，在我国大部分地区都可以找到它。宽体金线蛭生活在流速缓慢的河流、湖泊，以及静水池塘的沙泥或泥底。它们从卵中孵化出来后就开始寻找螺类、贝类和其他无脊椎动物的活体或尸体。宽体金线蛭会用嘴上的吸盘牢牢吸住猎物，然后用三瓣的牙齿切开皮肤，吸食体液。因为宽体金线蛭身体柔软，而且生活在水里，吃田螺时一吸一嘬的，所以它有一个别称叫作"田螺嘬"。

像宽体金线蛭这样的小动物虽然不起眼，但它们会把动物的尸体吃掉，这样大自然的"垃圾"就不会堆积如山了。这样能处理尸体或粪便的动物叫作分解者，例如秃鹫、苍蝇都是分解者。

宽体金钱蛭和蚯蚓是亲戚，有很多共同点，例如雌雄同体、卵生，身体软软的，还有横纹，像是一大堆圆环串在一起。不同的是，宽体金线蛭的身体中间宽、两头窄，而不像蚯蚓一样从头到尾几乎一样宽。

被吸血水蛭咬了以后，伤口会流血很久，这是因为水蛭体内有一种阻止血液凝固的蛋白质，叫作水蛭素，它还可以溶解血栓。而宽体金线蛭体内也有这种蛋白质，所以现在有人专门饲养宽体金线蛭，来提取这种蛋白质用于制作治疗血栓的药。

软体动物门

中文名	灰尖巴蜗牛
学 名	*Acusta ravida*
柄眼目	Stylommatophora
坚齿螺科	Camaenidae
尖巴蜗牛属	*Acusta*

最熟悉的蜗牛

灰尖巴蜗牛

在雨后或者潮湿的地方,总有一些背着圆圆"小房子"、伸着四个小触角的小动物慢慢地爬来爬去,这就是蜗牛。但是,蜗牛只是它们的总称,你知道它们具体的名字吗?

在中国,我们最常见到的蜗牛之一是灰尖巴蜗牛。它们有着黄褐色或琥珀色的半透明外壳,如果是活的蜗牛,你可以透过壳看到壳内身体上的黑褐色斑点或斑块。蜗牛的壳不仅可以保护它们,还是它们的"家"。在干旱的时候,灰尖巴蜗牛会封住壳口,在壳里睡上几个星期甚至几个月,直到环境变得湿润时才会苏醒。

蜗牛有一个特别的"饮食习惯"。它们不仅喜欢吃植物和腐殖质,还会吃石头呢。因为蜗牛需要很多钙质来建造自己的壳,而植物里的钙质不够满足它们的需求。所以,为了补充钙质,蜗牛会选择吃石灰岩、水泥和蛋壳等含有钙质的食物。

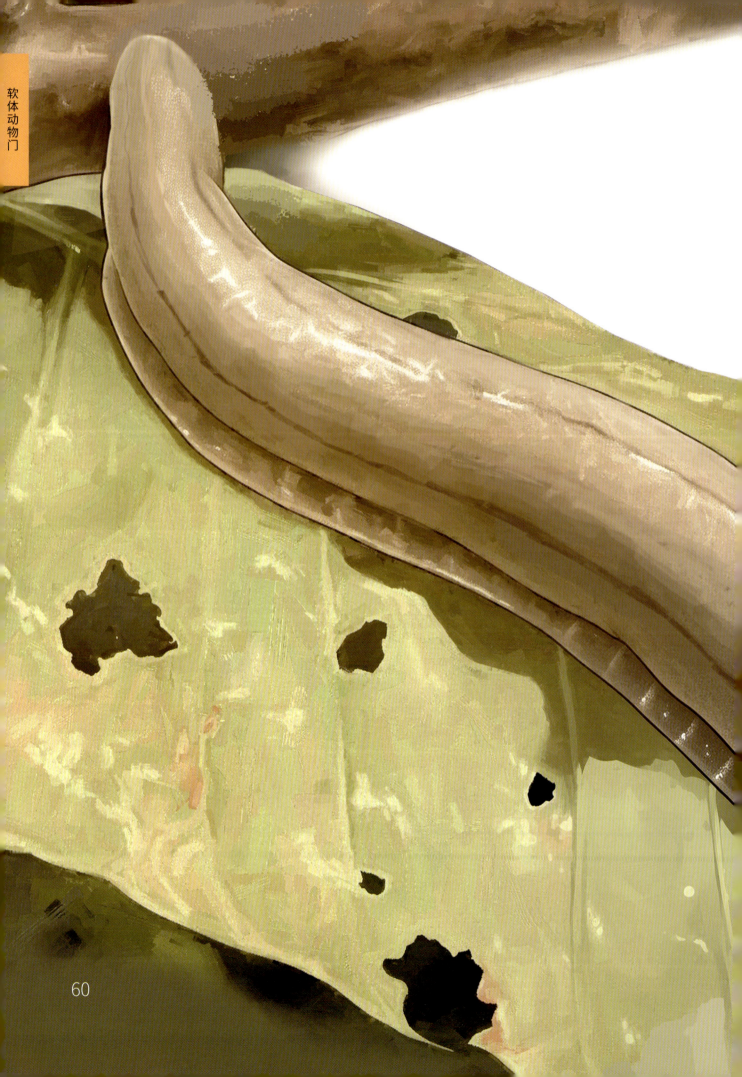

没有壳的蜗牛

双线巨篷蛞蝓

夜晚，潮气升腾的时候，一种黏黏糊糊的小东西就会出来活动了，顺着它们爬行留下的晶莹细线，你就能找到它们，它们就是双线巨篷蛞蝓。

双线巨篷蛞蝓这种"鼻涕虫"，其实是特殊的蜗牛，它们的壳退化，只保留了外套膜覆盖在背部，这也是它的名字"巨篷"的由来。它们和蜗牛一样雌雄同体，身体柔软，头上还有可伸缩的触角，所以很容易看出来它们和蜗牛是亲戚。由于没有贝壳的保护，蛞蝓在白天喜欢躲藏在狭窄的砖缝或者土隙之间，避免遭遇天敌。它们的体色是灰白色或淡黄褐色，背部两侧各有一条深色纵带，背部中央有很多深色的斑点，有时散在背部，有时连成一条虚线或者实线。它们的身体呈梭形，尾部有一个小小的嵴状突起。成熟的双线巨篷蛞蝓完全伸展开约五厘米。它们爬行过后留下的黏液，实际上是一条润滑轨道，帮助它们更快速而省力地爬行。

蛞蝓和蜗牛也是许多寄生虫的中间宿主，所以要避免接触蛞蝓哦！

中文名 双线巨篷蛞蝓
学　名 *Meghimatium bilineatum*
柄眼目 Stylommatophora
嗜黏液蛞蝓科 Philomycidae
巨篷蛞蝓属 *Meghimatium*

中文名	狮纳蛞蝓
学　名	*Rathouisia leonina*
并眼目	Systellommatophora
纳蛞蝓科	Rathouisiidae
纳蛞蝓属	*Rathouisia*

吃其他蜗牛的蜗牛

狮纳蛞蝓

　　我们知道，蛞蝓是特殊的蜗牛，只是蛞蝓的壳逐渐退化消失了。有一些蛞蝓形成了更加特别的生存方式。例如狮纳蛞蝓，它们和其他蜗牛一样喜欢在阴暗潮湿的地方活动，例如湿润的土层和建筑的缝隙中。

　　狮纳蛞蝓的体形较大，在三十五毫米至六十毫米之间。比起其他蛞蝓，它们身上的黏液较少，背上的皮摸起来也比较粗糙厚实，像皮革一样。仔细观察狮纳蛞蝓，可以发现它们的短触角稍微有点分叉，这也是狮纳蛞蝓的特点之一。

　　狮纳蛞蝓的食物很特别，它们会捕食其他蜗牛和蜗牛卵。狮纳蛞蝓在捕食的时候，还会产生少量但非常黏稠的黏液，把蜗牛逼入壳内。然后，狮纳蛞蝓把头伸入壳孔，抓住猎物。

　　虽然狮纳蛞蝓会捕食各种蜗牛及其卵，尤其喜欢吃琥珀螺，但它们不吃蛞蝓或者蛞蝓卵，也就是它们不吃同类。

小小的湿地 大大的能量

湿小鹤的自然观察笔记

③ 鳞·介

钟玉兰　迟韵阳　主编

中国林业出版社
China Forestry Publishing House

目 录

在中国传统本草书中，"鳞"可指身披鳞甲的动物，尤以鱼类为主；而"介"，原意指铠甲，其引申义则涵盖了拥有甲壳的水生生物。尽管我们对鱼类、贝类及螺类等生物颇为熟悉，但这种熟悉大多局限于市场与餐桌之上，鲜少有机会深入它们所栖息的水下世界，真正了解它们。在那浩瀚的水下王国里，同样上演着尔虞我诈、胜者为王、沧海桑田的生动故事，它们精彩纷呈，阐述着生命的奥秘与自然的法则。

本书软体动物部分沿用佛兰德海洋研究所（Vlaams Instituut voor de Zee）开发的软体动物数据库 Molluscabase 中的分类系统，鱼类部分沿用《江西鱼类志》中的分类系统。

身体里有"宝石"——青鱼 …… 04	美丽的武者——叉尾斗鱼 …… 34
吃草的牙齿——草鱼 …… 06	华丽蜕变——真吻虾虎鱼 …… 36
跳跳鱼——鲢 …… 08	不受控的灭蚊工具——食蚊鱼 …… 38
它的头为什么这么大——鳙 …… 10	美味的鳜鱼——翘嘴鳜 …… 40
来食武昌鱼吧——团头鲂 …… 12	大口吃饭——南方马口鱼 …… 42
浪里白条——鲌 …… 14	嘎嘎叫的鱼——黄颡鱼 …… 44
鱼中"变色龙"——鲫鱼 …… 16	水中的彩霞——彩鳉 …… 46
吉祥之鱼——红褐鲤 …… 18	又当妈又当爹——黄鳝 …… 48
鱼缸清洁工——棒花鱼 …… 20	隐秘的"身法"——中华刺鳅 …… 50
长江中的一抹红——胭脂鱼 …… 22	同鱼不同价——刀鲚 …… 52
斑马纹的小鱼——花斑副沙鳅 …… 24	不为人知的水中精灵——缘毛钩虾 …… 54
红眼睛的"草鱼"——赤眼鳟 …… 26	好看又好吃的小贝壳——河蚬 …… 56
中国彩虹——中华鳑鲏 …… 28	自带"瓶塞"的螺——褐带环口螺 …… 58
小鱼大眼睛——中华青鳉 …… 30	并不能带来福寿——沟瓶螺 …… 60
最孝顺的鱼——乌鳢 …… 32	

身体里有"宝石"

中文名	青鱼
学　名	*Mylopharyngodon piceus*
鲤形目	Cypriniformes
鲴　科	Xenocyprididae
青鱼属	*Mylopharyngodon*

青鱼

　　中国养鱼业中有四个"大明星",它们食性不同,喜欢的水深也不同,适合混养,被称为"四大家鱼"。青鱼就是四大家鱼之首,它是东亚最重的淡水鱼之一,极限个体近两米,四龄的成年青鱼轻轻松松长到一米多。但是青鱼是温顺的巨人,并不攻击其他鱼,而是专心进食底栖生物,尤其喜欢螺类。

　　为了适应这种吃螺类的食性,青鱼咽喉里有圆形的臼齿状咽齿,这种咽齿和高度骨化的咀嚼垫相互咬合,可以嗑碎螺壳,将肉吞下去再吐出碎壳。可想而知,这种咽齿非常硬。更有趣的是,这种咽齿还有漂亮的颜色。于是,有人将这种牙齿取出、晾干、雕刻、打磨,做成宝石一样的吊坠,叫作青鱼石。青鱼石是温暖的橙黄色,晶莹剔透,像琥珀一样温润。

　　青鱼和草鱼非常相似,但是青鱼的体色非常深,草鱼则全身黄色,覆盖网纹。两者最突出的区别还是嘴唇,青鱼的嘴唇很薄,而草鱼则是"香肠嘴"。

吃草的牙齿

中文名	草鱼
学　名	*Ctenopharyngodon idella*
鲤形目	Cypriniformes
鲴　科	Xenocyprididae
草鱼属	*Ctenopharyngodon*

草鱼

　　草鱼是最广为人知的食用鱼之一，"四大家鱼"中的老二就是它。草鱼的身形很像青鱼，但是要小得多，四龄的成年草鱼体长不到八十厘米。草鱼具有非常肥厚且外翻的上嘴唇，但没有颌齿，因此在取食方面几乎完全依赖这张"香肠嘴"。不过，草鱼的左右咽喉骨中具有两排极其发达的咽喉齿，可以磨碎食物。

　　顾名思义，草鱼是吃草的，在养殖草鱼的时候甚至需要人为地割草去喂养它们。草虽然柔软，但很有韧性，不容易嚼烂。为此，草鱼特地将咽齿演化为铲型，表面还有很多刻纹，进食时左右咽弓相互咬合，咽弓上的咽齿就会像蝗虫的口器一般将水草碾碎斩断，方便草鱼消化这种低营养的粗糙食物。

　　青鱼和草鱼外形和口感都很相似，那么如何区分已经被做成菜的这两种鱼呢？一个方法就是找到鱼喉咙里的咽齿。如果咽齿是臼齿一样近圆形的，那就是青鱼；如果咽齿是铲形带刻纹的，就是草鱼。

跳跳鱼

中文名	鲢
学　名	*Hypophthalmichthys molitrix*
鲤形目	Cypriniformes
鲴　科	Xenocyprididae
鲢　属	*Hypophthalmichthys*

鲢

　　作为"四大家鱼"的老三，鲢鱼和它的表亲鳙鱼一样，都是滤食性的鱼类，靠"喝水"就能吃饱，因此很容易就能获得食物，此外，鲢鱼生长快、体形大、抗病力强，甚至还能帮助鱼塘清洁水体，因此非常易于饲养，是高产的食用鱼。

　　相较于鳙鱼的慵懒性格，鲢鱼要活泼得多，遇到危险时，它会疯狂逃窜，甚至飞跃出水面。因此，鲢鱼也有"跳鲢"这样的别称。这主要是因为它的主要天敌是"水中老虎"鳡（gǎn）鱼，跑慢一点点就会被吃。

　　异常活跃的性情导致鲢鱼较难活着运输，因为在捕捞过程中就能让四处乱窜的它撞得遍体鳞伤，不仅容易死亡，而且卖相也不好。因此鲢鱼大多被切成块售卖。除此之外，鲢鱼肉质松散且有很多小刺，肉味也远不如其他三种家鱼鲜美，腥气较重，直接吃容易被食客嫌弃，所以一般加盐做成腌鱼。这样不仅能延长保存时间，也更容易烹调。

它的头为什么这么大

中文名	鳙
学 名	*Hypophthalmichthys nobilis*
鲤形目	Cypriniformes
鲴科	Xenocyprididae
鲢属	*Hypophthalmichthys*

鳙

鳙鱼是我国"四大家鱼"中的老四,它最显著的特点是头特别巨大,所以又叫"胖头鱼"。它的巨大的头为了滤食而演化出来的结构。滤食的意思是通过过滤水中的小动物和有机物来获取食物,是许多水生动物进食的方式。采用这种取食方式,水流通过得越快就越容易获得食物,因此,鳙鱼那作为"滤食器"的脑袋才会变大。另外,鳙鱼的鳃耙非常细密,还具有螺旋形的鳃上器用来辅助滤食,这些结构都提高了鳙鱼"喝水当饭吃"的效率。由于食物易于获得且容易消化,因此鳙鱼的咽齿退化成片状,性格也特别慵懒,非常不爱动,只喜欢缓缓游泳。

由于鳙鱼的头部发达,因而主要的食用部位也是头。鳙鱼的头富含脂肪,炖煮时脂肪在水中形成悬浊液,使汤汁变成白色,鲜美无比。而鳙鱼的身体就平淡无奇,适合切片加重料炖煮,一鱼两吃,非常划算。

来食武昌鱼吧

中文名	团头鲂
学 名	*Megalobrama amblycephala*
鲤形目	Cypriniformes
鲴 科	Xenocyprididae
鲂 属	*Megalobrama*

团头鲂

　　毛主席的《水调歌头·游泳》中有"才饮长沙水，又食武昌鱼"的名句。词中，"武昌鱼"就是团头鲂。它是新中国成立后第一种被命名、养殖、驯化的淡水鱼，代表了中国现代水产业的兴起。借着水产养殖兴盛的东风，团头鲂成功从长江之滨席卷全国淡水鱼养殖场，还因为形态相似，经常张冠李戴地被叫作鳊鱼。但团头鲂有大量人工养殖，鳊鱼则没有，反倒是现在鳊鱼更难吃到了。有一个区分团头鲂和鳊鱼的小技巧：从腹面看，团头鲂从胸鳍到腹鳍之间的部分是平整的，而鳊鱼的胸鳍到腹鳍之间有一条尖尖的棱，像刀锋一样突起。

　　团头鲂身形侧扁，几乎成菱形，全身乌黑色，仅有头后具有一道白色，体侧的鳞片具有白斑。团头鲂能够长到五十厘米，对食物的要求很低，野生情况下团头鲂主要进食水生植物，也会咬食别的鱼的鱼鳍，不太适合观赏。而作为一种食材，团头鲂的油脂含量很高，肉质软嫩，适合清蒸食用。

脊索动物门·鱼纲

浪里白条

中文名	鳘
学　名	*Hemiculter leucisculus*
鲤形目	Cypriniformes
鲴科	Xenocyprididae
鳘属	*Hemiculter*

鳘

　　鳘(cān)字非常生僻，输入法都很难找到这个字，因此我们总能见到有人将它们叫作餐条、白条、青条丝，这些名称都形容其长条形的身体和体色——青灰色、会反光的长条形鱼。

　　鳘是喜欢漂游在水面表层的小型鱼，成鱼只有十厘米左右，最长不超过二十四厘米，爱吃水中的有机碎屑和小型动植物。它们喜欢成群结队地浮在水面上，水面上的人和动物可以看到它们一闪一闪的反光。这种小鱼经常被水鸟和大鱼捕食，因此鳘不仅行动迅速，而且异常机敏，稍有惊扰就会到处逃窜，只有夜幕降临后它们才会稍稍放松一些。但是它们在鱼缸中却十分凶悍，会主动撕咬"室友"，所以不太适合在鱼缸中饲养。

鱼中"变色龙"

中文名	鲫
学　名	*Carassius auratus*
鲤形目	Cypriniformes
鲤　科	Cyprinidae
鲫　属	*Carassius*

鲫

鲫鱼是东亚静水环境最常见的淡水鱼之一，这些小鱼大约能长到手掌大，背部高高隆起，体侧银灰。人们用"过江之鲫"来形容数量众多。但是随着养殖业的兴起，各种银鲫、鲤鲫等"杂交鱼"流入野外，它们与原生的鲫鱼杂交，产生了更多更复杂的形态。于是人们对这种本来非常常见的小鱼失去了记忆，以至于不能分辨哪些是原始形态的鲫鱼，哪些是杂交鱼了。

鲫鱼外貌平凡，但它也可以拥有五彩斑斓的衣裙。在古代，鲫鱼由于有一点金黄色，所以被人加以选育，而鲫鱼学名中的 *auratus* 就是"金色的"之意。之后，人们培养出了全身金色、红色或者花色的美丽品种，甚至尾巴也变成了优雅的蝴蝶形。没错，这就是我们现在养的各种观赏金鱼。那些眼睛圆鼓突出的龙种金鱼，身体圆滚的蛋种金鱼，头上顶着"绣球"的文种金鱼，都是从平平无奇的鲫鱼变异形成的，真令人难以置信。

中文名	红褐鲤
学　名	*Cyprinus rubrofuscus*
鲤形目	Cypriniformes
鲤　科	Cyprinidae
鲤　属	*Cyprinus*

吉祥之鱼

红褐鲤

　　红褐鲤是东亚最常见的鲤鱼种类，因尾鳍发红而得名。鲤鱼是中华文明中的重要意象，它总是和幸福、喜悦等情绪交织在一起，在年画、剪纸画和祭祀中，常常出现鲤鱼造型的图案。鲤鱼跃龙门的典故又为鲤鱼带来了跃升、功名等特殊寓意，因此，鲤鱼更加受到人们喜爱。同时，鲤鱼还可以传信以寄托思念，例如，汉代蔡邕在《饮马长城窟行》中写道："客从远方来，遗我双鲤鱼。呼儿烹鲤鱼，中有尺素书。"可见，鲤鱼在中国传统文化中有特殊的意义。

　　但抛去文化意象后，鲤鱼依然要回归鱼类本质。它们喜欢在水底的松软底层和水草丛生处活动，以泥沙中的小动物为食。因此，红褐鲤有突出的吻部、两对须和肥厚的嘴唇，并且生活时会不停翻卷泥沙前进。总体而言，鲤鱼的生态位其实像极了一些亚口鱼科物种。鲤鱼还很长寿，活到三十岁到六十岁是轻轻松松的事，在古代常常比人还要高寿，这或许也是鲤鱼成为祥瑞符号的原因之一吧。

鱼缸清洁工

脊索动物门·鱼纲

中文名	棒花鱼
学　名	*Abbottina rivularis*
鲤形目	Cypriniformes
鮈　科	Gobionidae
棒花鱼属	*Abbottina*

棒花鱼

　　棒花鱼身体前后宽度几乎一致，像一根短棒，身上还有黑色斑块花纹，所以得了这样的名字。棒花鱼是适应静水的小型底栖鱼类，非常平和，对其他鱼没有什么攻击性。棒花鱼的食物是泥沙中的动物和藻类碎片，它会趴在水底，主动吞吐泥沙，将其中可食用的颗粒咽下，这种行为可以清洁鱼缸中的底泥。所以在养鱼的时候，常常会有人放几只棒花鱼当作"清洁工"。

　　在雌性棒花鱼产卵后，雄性棒花鱼会守护鱼卵至孵化。这时雄性棒花鱼会长出船帆一般的背鳍，同时胸鳍前缘和头部腹面会长出一排尖刺，这是它守护鱼卵的武器。有了父亲的保护，棒花鱼的幼体存活率相对高。因此，棒花鱼比较容易大量繁殖，在原本没有棒花鱼的水域中引入这个物种，极易造成入侵。

长江中的一抹红

中文名	胭脂鱼
学 名	*Myxocyprinus asiaticus*
鲤形目	Cypriniformes
亚口鱼科	Catostomidae
胭脂鱼属	*Myxocyprinus*

胭脂鱼

国家二级保护野生动物（仅限野外种群）

成年的胭脂鱼身体两侧各有一条猩红色的直条花纹贯穿全身，这鲜艳的色彩颇像女孩子们擦在脸上的胭脂水粉，所以得了这个名字。胭脂鱼是东亚最后的亚口鱼，在远古时期，亚口鱼一族在东亚起源，曾经可能遍布大江南北，甚至进军北美洲。但是随着鲤形目的更多其他先进类群，例如鲤科鱼类和鲴科鱼类的繁盛，亚口鱼科的生态位被逐渐挤压，因此逐渐消亡，在水中上演了一出后来居上的戏码。

在长江渔民的谚语中有这样一句话："千斤腊子万斤象，黄排大得不像样。"其中"黄排"就是胭脂鱼，它的寿命可达二十五龄，体重可达三十公斤，是渔民重要的捕捞对象和食用鱼。但是随着生产发展，胭脂鱼在野外已经很少见了，现在是国家二级保护野生动物。好在胭脂鱼已经实现了人工养殖，暂无灭绝的危险，甚至它的幼鱼还可以作为观赏鱼饲养。

脊索动物门·鱼纲

斑马纹的小鱼

中文名	花斑副沙鳅
学　名	*Parabotia fasciata*
鲤形目	Cypriniformes
沙鳅科	Botiidae
副沙鳅属	*Parabotia*

花斑副沙鳅

在沙质的江河底部，生活着一种小鱼，它体长不过十五厘米，头部还有像小老鼠一样细长的"胡子"。它的身体是黄色的，从头到尾布满横向的黑色的斑纹，好像斑马一样。难道这就是科学研究中常用的实验动物"斑马鱼"吗？

并不是哦，这种鱼的名字叫花斑副沙鳅。实验用的斑马鱼的身上是纵向黑色斑纹，和花斑副沙鳅的斑纹完全不一样。

花斑副沙鳅是性情活泼的小鱼，喜欢在细沙表面翻找藻类和水生昆虫，所以叫"沙"鳅。花斑副沙鳅由于体形较小，经常成为别的大鱼或者大鸟的猎物。于是，为了隐藏自己，迷惑敌人，花斑副沙鳅身上长出了黑色的斑纹。当花斑副沙鳅趴在水底的砂石中时，黑黄色相间的斑纹将它的身体轮廓分割成一段一段的，捕食者就看不出来是一条鱼了。

红眼睛的"草鱼"

中文名	赤眼鳟
学 名	*Squaliobarbus curriculus*
鲤形目	Cypriniformes
鲤 科	Cyprinidae
赤眼鳟属	*Squaliobarbus*

赤眼鳟

看，池塘里跃出一条"草鱼"，但是它的眼睛却像小白兔一样赤红，难道是得了红眼病吗？原来，这不是草鱼，而是一条赤眼鳟，它的眼睛上半部分天生就是鲜艳的红色，并不是生病了。

赤眼鳟喜欢生活在河湖的中下层，流速较慢的水域中。它力气很大，有很强的运动能力，常常跃出水面。赤眼鳟是杂食性鱼类，以藻类和水生高等植物为主食，也吃一些水生昆虫和小鱼。

每年的五月至七月，平时单独生活的赤眼鳟会开始"社交"，群聚嬉戏。随后，雌性赤眼鳟会将卵产在河流的支流沿岸、水草丰满的地区，让卵随水漂流孵化。

赤眼鳟是优质的经济鱼类，别看它长得很像草鱼，但吃起来可完全不一样。赤眼鳟肉质细腻、味道鲜美，其美味程度在淡水鱼中颇为突出，甚至能和海鱼相媲美。无论是水煮、红烧、香煎还是油焖，都非常适合。

中国彩虹

中文名	中华鳑鲏
学 名	*Rhodeus sinensis*
鲤形目	Cypriniformes
鲤 科	Cyprinidae
鳑鲏属	*Rhodeus*

中华鳑鲏

你知道吗？很多动物的雄性和雌性的长相很不一样，就像雄性孔雀有华丽的大尾巴，但是雌性孔雀没有。鱼里面也有这样的现象。中华鳑（páng）鲏（pí）的雄鱼和雌鱼颜色差别很大，在人们还没有把鱼研究透彻的时候，"中华鳑鲏"这个名字被用于描述灰白的雌性个体，而五彩斑斓的雄性个体则被叫作"彩石鳑鲏"。实际上，它们完全是同一种动物。直到今天，仍然有人在使用"彩石鳑鲏"这个名字。但其实"中华鳑鲏"这个名字出现得更早，具有优先权，因此"彩石鳑鲏"这个名字应该被废止。

比起小溪，中华鳑鲏更喜欢在大江大河中活动，它们喜欢近岸的草丛，因为上面长满了它们喜欢啄食的柔软水藻，雄性的中华鳑鲏会从藻类中吸收类胡萝卜素，从而让它们的鱼鳍展示出美丽的橘黄色，雌性中华鳑鲏会更倾心于这样色彩绚丽的雄性个体。雄性中华鳑鲏彩虹般的色彩不仅迷倒了雌鱼，也迷倒了人类。二十世纪六十年代，中华鳑鲏被鱼类爱好者引入欧洲，外国人称它们为"中国彩虹"。

中文名	中华青鳉
学　名	*Oryzias sinensis*
颌针鱼目	Beloniformes
怪颌鳉科	Adrianichthyidae
青鳉属	*Oryzias*

小鱼大眼睛

中华青鳉

　　中华青鳉 (jiāng) 很小，体长仅二十毫米左右，眼睛显得特别大而突出，所以又被叫作"大眼鱼"。

　　中华青鳉虽然不是卵胎生的种类，但是它会将鱼卵黏附于肛门附近，直至快要孵化，才会将其黏附在水草上，因此幼体的存活率也很高。

　　中华青鳉的嘴有特殊的结构，只有上颌才能活动，下颌则是固定死的，因此青鳉通常只有和同类才打得有来有回，和其他鱼类打架则显得柔弱不堪，所以没法在和外来的食蚊鱼群的竞争中存活下来。尽管原本中华青鳉是中国最常见的小型鱼种，但如今它们大部分家园已经被食蚊鱼占领。随着环境污染和栖息地的破坏，这一趋势有愈演愈烈之势。

脊索动物门·鱼纲

中文名	乌鳢
学　名	*Channa argus*
攀鲈目	Anabantiformes
鳢　科	Channidae
鳢　属	*Channa*

最孝顺的鱼

乌鳢

　　乌鳢俗称黑鱼、财鱼，体形较大，性情凶猛。乌鳢是东亚最强势的肉食鱼之一，很早就被古人所认识。

　　乌鳢具有育幼的习性，雌雄乌鳢产下鱼卵后会照顾至小鱼，乌鳢的幼鱼全身粉红色，非常显眼，因此它们会紧贴自己的父母群游，聚成一大团来保护自己，甚至躲到父母的嘴里避险。直至粉色退却，灰黑的保护色出现为止才会自主生活。捕捉乌鳢时可以寻找水面上群游的粉色幼鱼，它们底下定有一对成鱼。幼鱼主动钻入大鱼嘴的这个习性，被古人理解为幼鱼会以身饲母，故而赞美其为"孝鱼"。

　　普通的鱼离开水以后，它的鳃就会被水粘在一起，不能进行呼吸了。但乌鳢的鳃附近有一个特殊结构叫作迷路组织，这个结构可以让它直接呼吸空气，有这种结构的鱼叫作迷鳃鱼。

　　乌鳢肉质紧实用，味道鲜美，刺也很少，适合炖煮，是优质的食用鱼。做酸菜鱼、鱼片汤或者切块红烧都很适合。

脊索动物门·鱼纲

中文名	叉尾斗鱼
学　名	*Macropodus opercularis*
攀鲈目	Perciformes
毛足鲈科	Osphronemidae
斗鱼属	*Macropodus*

美丽的武者

叉尾斗鱼

在池沼、沟渠中，常常能看见叉尾斗鱼"花手帕""三尾鱼"正在搏斗！叉尾斗鱼是著名的观赏鱼，在我国南方大部分地区都有野生的种群。这些小鱼体形较小，最大的也不及手指长。

叉尾斗鱼的体色非常鲜艳，具有红绿相间的横带，腹鳍具有金黄色或者淡红色的延长，犹如领结一般，背鳍和臀鳍以及尾鳍则在后部具有显著的拉丝，如同凤尾。这些美丽的装饰都是为了彰显斗鱼的强势。叉尾斗鱼非常勇猛，它们会相互展开鳍条炫耀。如果这样不能吓退对方，就会开始相互撕咬，直至一方不能承受伤害才会作罢，打架时那些美丽的流苏可能会被咬断，不过不用担心，很快就能长回来。

斗鱼和黑鱼一样，都具有发达的鳃上器，属于迷鳃鱼，可以直接呼吸空气。但是，这也导致冬天是斗鱼最难熬的季节。因为水温太低可能会让斗鱼罹患水霉而死，同时，水面结冰则会妨碍它们去水面换气，许多斗鱼就有可能被水淹死。

华丽蜕变

中文名 真吻虾虎鱼
学　名 *Rhinogobius similis*
虾虎鱼目 Perciformes
背眼虾虎鱼科 Gobiidae
吻虾虎鱼属 *Rhinogobius*

真吻虾虎鱼

　　真吻虾虎鱼是东亚最具优势的虾虎鱼种类，几乎可以在任何水体见到，它们喜欢在水底匍匐游动，伺机捕食。真吻虾虎鱼是吻虾虎鱼属的模式种，也是最大的吻虾虎鱼种类之一，是十分有代表性的物种。以前渔业资源丰富时，真吻虾虎鱼那半透明银鱼般的幼体能够遍布整条河沿岸，轻易就能捕获。这种鱼类聚集，容易大量捕捞的时期叫作渔汛。那时它们可以作为食用鱼养育一方水土，但随着过度捕捞和水利工程建设，真吻虾虎鱼的种群虽然还很兴盛，但已经无法产生渔汛了。

　　真吻虾虎鱼幼体非常灰暗，平淡无奇，但是当它性成熟后就摇身一变，成为受欢迎的观赏鱼了。成年雄鱼具有拉长的鳍条，展开时就会显示彩虹版的红黄渐变色边缘和内侧红白的斑点，台湾称其为"极乐吻虾虎鱼"，赞颂它们为人间至美的生命。

不受控的灭蚊工具

食蚊鱼

　　食蚊鱼是一种外观平平无奇的青灰色小鱼。从这个名字就可以看出，人们对它寄托了怎样的期望。传闻中，食蚊鱼在实验室中表现出了对蚊子幼虫的极强捕食性，因此被认为具有控制蚊虫的能力。于是，食蚊鱼在上世纪被广泛引种至全球中低纬度国家，然而在引种后，人们惊讶地发现，食蚊鱼对各地本土的小型鱼种表现出了极强的杀伤力。同时，食蚊鱼是一种小型卵胎生鱼类，母鱼能够直接生下小鱼，成活率高，所以具有很强的繁殖能力。

　　食蚊鱼在我国也造成了生态上的破坏。在香港，食蚊鱼直接将林氏细鲫等小鱼屠杀至接近灭绝。而在中国中部的大部分地区，食蚊鱼对中华青鳉产生了很大威胁，只是由于中华青鳉在本土演化时间较为悠久，还能保持一定的种群数量，但是如若不能制止，可能覆灭也是迟早的事情。现在食蚊鱼被列入了"全球一百种最具威胁的外来入侵物种名单"，而它们扩张的脚步仍在继续。

中文名	食蚊鱼
学　名	*Gambusia affinis*
鳉形目	Cyprinodontiformes
胎鳉科	Poeciliidae
食蚊鱼属	*Gambusia*

美味的鳜鱼

翘嘴鳜

　　翘嘴鳜（guì）是鳜鱼中体形最大的种类，一些大个体能够长到令人惊叹的尺寸，它的外形侧扁而高，具有发达的背鳍棘，这些背鳍棘具有毒腺，被扎伤会使伤口疼痛发热。翘嘴鳜具有一个巨大而侧扁的头，它的口腔能够伸展的很大，在快速伸展时，能够产生巨大的负压将猎物吸走；全身肌肉充满爆发力，时刻准备好向前冲刺。但是巡游就不是鳜鱼的强项了，它们会隐藏于礁石间的阴暗缝隙，不时跃起捕食。因此，如果想钓鳜鱼，钓鱼者会在江中有礁石的环境中下竿。

　　作为食用鱼，鳜鱼肉质优良、细刺少，因为专门捕食其他小鱼，所以价格相对比别的食用鱼要高一些，是名副其实的"贵鱼"。在渔业研究中，驯化鳜鱼至适应某些规格化的饲料，而不是只吃活饵是一个重要课题，这样可以降低养殖成本。

中文名	翘嘴鳜
学　名	*Siniperca chuatsi*
太阳鱼目	Centrarchiformes
鳜　科	Sinipercidae
鳜　属	*Siniperca*

中文名	南方马口鱼
学　名	*Opsariichthys uncirostris*
鲤形目	Cypriniformes
鲴　科	Xenocyprididae
马口鱼属	*Opsariichthys*

大口吃饭

南方马口鱼

　　马口鱼，当你听到这个名字的时候，是不是感到很奇怪，难道这种鱼能长出马的嘴吗？原来，南方马口鱼的嘴只是相对它的体形比较大，末端比较钝，同时上颌有一些缺口，与下颌的一些突起相吻合，这种形状和马的嘴有几分相似，所以叫马口鱼。

　　我们知道，嘴最主要的功能就是吃饭和说话，而鱼不会说话，所以呀，南方马口鱼这令人印象深刻的大嘴就是用来吃饭的。南方马口鱼可以说是"无肉不欢"，专爱吃其他鱼的幼鱼和水里的小昆虫。别看马口鱼体形不大，仅有三十厘米左右，它可非常善于游泳和捕猎呢！这种爱吃肉又爱运动的鱼肉质紧实，体形又不大不小，非常适合油炸或做烤鱼。有机会一定要试一试。

　　南方马口鱼喜欢栖息于水流湍急的浅滩或溪流中，平时它们只是普通的银灰色，但在每年三月至六月的繁殖季节，雄性南方马口鱼会换上漂亮的"衣服"。它们的身体侧面会产生蓝绿色的条纹，头和鱼鳍会变成粉色，同时臀鳍延长，头部、胸鳍和臀鳍长出白色的，被称为"追星"的角质小颗粒。而在繁殖期过去后，雄鱼会褪去色彩，追星也会脱落。这种只在繁殖季节显现的颜色叫作"婚姻色"。

嘎嘎叫的鱼

中文名 黄颡鱼
学　名 *Tachysurus sinensis*
鲇形目 Siluriformes
鲿科 Bagridae
拟鲿属 *Tachysurus*

黄颡鱼

　　黄颡鱼又叫"黄丫头"，它嘴上有四对细长的鱼须，鼻孔各插一根，被称为鼻须；上嘴唇左右各有一根，称为颌须；下巴有四根，被称为颏须。它的身体侧面还有金黄色的条带花纹。由于形态特殊且易于辨别，黄颡鱼在全国各地都有很多地方名称，例如嘎鱼、黄鸭叫，这指的是黄颡鱼被捕获时会发出"嘎嘎嘎"的闷响。其实这种响声是黄颡鱼脊背的骨骼摩擦发出的声音。黄颡鱼也被称为黄刺鱼、昂刺鱼，是因为它带有坚固的鳍棘。这种鱼鳍上的刺有一点毒性，被刺中后伤口会红肿灼痛。

　　黄颡鱼还是大家喜爱的食用鱼，它的肉质细腻，味道鲜美，没有小刺，也不用去鳞，红烧、清蒸或者糖醋都很适合。同时，它们的体形相对大，易于饲养，对水质饵料不太挑剔，还能接受变化很大的水温，这些都有利推广黄颡鱼在全国的饲养。

水中的彩霞

中文名	彩鱊
学 名	*Acheilognathus imberbis*
鲤形目	Cypriniformes
鱊科	Acheilognathidae
鱊属	*Acheilognathus*

彩鱊

在湖泊或河流中下层，清水缓缓流淌的地方，生活着一群小小的粉色"彩霞"，它们叫作彩鱊（yù）。

彩鱊的身体扁扁的，体长只有四厘米至八厘米，好像一枚小小的贝壳。它的性格活泼可爱，总是成群结队地嬉闹，取食水中微小的浮游动物和生物碎片。彩鱊的身体是银灰至青灰色的，鳃盖后方具一个荧光绿的斑点，体侧还有一条暗色纵纹。彩鱊的雄鱼和雌鱼长得不太一样，雄鱼的腹鳍和臀鳍黑色，具宽白边，内部略带粉紫色，而雌鱼的臀鳍和腹鳍黄色。此外，雄鱼的背鳍也比雌鱼宽大许多。

每到繁殖季节，彩鱊雄鱼鱼鳍粉红色会变得更鲜艳一些，而雌鱼则仍是朴素的样子。这段时期，这群彩鱊的"美男子"除了要在雌鱼面前炫耀以外，还会和其他雄鱼打斗，以争夺一个重要资源——圆顶珠蚌。这是为什么呢？原来，彩鱊的雌鱼要将卵产于圆顶珠蚌中，让彩鱊宝宝有一个安全的孵化空间。

中文名 黄鳝
学　名 *Monopterus albus*
合鳃鱼目 Synbranchiformes
合鳃鱼科 Synbranchidae
黄鳝属 *Monopterus*

又当妈又当爹

黄鳝

　　黄鳝是最不像鱼的鱼类之一，它全身光滑无鳞，并且没有鱼鳍，尾部尖细，身形似蛇，连鱼鳃都被藏了起来。这是为了适应打洞习性而进行的特化。比起普通鱼的梭形身体，长条形的身体在打洞时阻力更小，也更适合钻洞。

　　黄鳝是典型的迷鳃鱼，和胡鲇、乌鳢、斗鱼等一样，它的鳃附近也有一个叫迷宫组织的结构，具有呼吸空气的能力。只要保持身体的潮湿，即使完全暴露在空气中也无所谓。黄鳝蛇形的身体特别适合在软泥中打洞穴居，不时就能看到它将头伸至水面呼吸空气。

　　黄鳝还是一种性别可转换的鱼类，二十厘米以下的黄鳝都是雌鱼，随着它们继续长大，会陆陆续续变成雄鱼，体长越大变成雄鱼的概率越高，而五十三厘米以上的黄鳝就都是雄鱼。这个过程不可逆，即雄鱼不会再变成雌鱼。所以，在黄鳝的一生中，它们先当妈再当爹，真是神奇的经历呢。

隐秘的"身法"

中文名	中华刺鳅
学 名	*Sinobdella sinensis*
合鳃鱼目	Synbranchiformes
刺鳅科	Mastacembelidae
中华刺鳅属	*Sinobdella*

中华刺鳅

　　中华刺鳅是常见的"异形"鱼之一，它身形特别细长呈带状，像蛇一样，体背灰白色，体侧深棕色或绿色，有很多白色斑点。中华刺鳅的头部尖长，吻部突出，形似一个鹰钩鼻，一双机灵的小眼睛被白色条纹掩盖，背上还有锋利的锯齿。它的胸鳍很小，并且完全透明，可以快速地扇动。

　　中华刺鳅平时就靠小胸鳍把自己上半身抬高，然后一动不动地"坐"在水草丛里。这么做是为了对付中华刺鳅的猎物——米虾，米虾是敏感的猎物，行动也很迅速。为了不引起米虾的注意，中华刺鳅只能缓慢靠近，借由条纹和特殊的体形来掩盖自己，由于不是常规的鱼形身体，米虾没有意识到有鱼形动物靠近了自己，于是会放松了警惕。靠得足够近时，中华刺鳅会突然向下猛冲，叼住虾尾，完成一次猎杀。

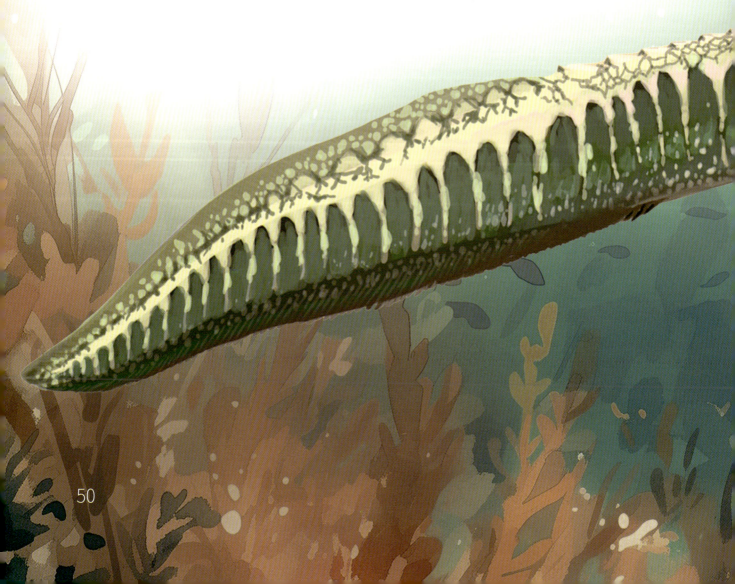

中文名	刀鲚
学　名	*Coilia nasus*
鲱形目	Clupeiformes
鳀　科	Engraulidae
鲚　属	*Coilia*

同鱼不同价

刀鲚

你知道长江刀鱼吗？它在市场上可以卖好几千元一斤，堪称天价，只要清蒸一遍，佐以少量葱姜油，即可引出它极致的鲜味。而普通的刀鲚因鱼小刺多而适合油炸，气质与炸鸡薯条、街边小炒相似，完全没有"富贵感"。

刀鲚被认为存在两种形态，也有认为它们是两个物种的，即海河洄游的"长颌鲚"和不入海的"短颌鲚"。不入海的种群一生被封锁在大陆上，所以叫作"陆封"。两种类型除了上颌长度存在差异，体形也是天差地别：长颌鲚能够长到近四十厘米长，身体肥厚，是受到追捧的"长江三鲜"之一；陆封种群大多小于二十五厘米长，身体纤薄，一般随意油炸食用。因此，人们认为长颌鲚是"长江刀鱼"，因为长得大，能卖出高价，而短颌鲚就要逊色得多了，是不值一提的"小毛刀"。明明是同一种鱼，大和小的待遇完全不同。

不为人知的水中精灵

中文名	缘毛钩虾
学　名	*Gammarus craspedotrichus*
端足目	Artiodactyla
钩虾科	Gammaridae
钩虾属	*Gammarus*

节肢动物门·软甲纲

缘毛钩虾

在清澈的小溪里，生活着一种像玉石一样的晶莹剔透的小生物。它们身体半透明，呈灰白色，活动的时候佝偻着身子，看起来有点像小虾。但是它们没有虾那样大的头胸部，这种神奇的小生物叫作钩虾。

缘毛钩虾就是一种钩虾，它们只分布在长江流域。虽然名字里有"虾"，样子也有点像虾，而且也和虾一样生活在水里，但它们和真正的虾并没有关系。相反，它们和鼠妇即西瓜虫这类小动物是亲戚。

大多数钩虾生活在海洋里，但也有一些特殊的钩虾生活在淡水或者湿润的泥土中。这些淡水钩虾体形很小，一般不会超过一厘米长。它们吃一些有机物碎屑或者藻类，是自然界的分解者。钩虾还是水中许多其他动物的食物，它们是水生态系统中重要的一环。

钩虾对环境非常挑剔，一点点污染物都可能让它们无法生存。所以，通过观察水里有没有钩虾，就可以判断水质的好坏。

所以，下次当你走进大自然时，不妨留心观察一下小溪里有没有这些不为人知的水中精灵吧！

软体动物门

好看又好吃的小贝壳

河蚬

你们知道河蚬（xiǎn）吗？也许你们曾在餐桌上见到过它们。河蚬的贝壳扁扁的，很厚很坚硬，外形看起来像一个小小的三角形，长度大约有四厘米。它的壳面是棕绿色至黑色的，还有像瓷器一样的光泽；壳内的珍珠层是淡紫色至鲜紫色的，鲜艳又漂亮。

河蚬有的是雌的，有的是雄的，有的是雌雄同体的。它们会产卵和放出精子，这样卵和精子就会在水中结合，孵化出河蚬宝宝。河蚬宝宝刚孵出来时叫作钩介幼虫，是没有壳的。它们在水中自由自在地漂浮着生活，直到几周以后才会在河底固定，长出壳。

河蚬喜欢生活在河流、湖泊、沟渠等水域里。它们更喜欢砂质的水底环境，会把壳埋在泥沙里，只把呼吸管露在外面呼吸。河蚬的食物是微小的生物和有机碎屑，它们通过鳃对水进行过滤以获得食物。有些养鱼的人会特意在水中养一些河蚬，让鱼缸里的水保持清洁。

河蚬在中国很多地方都有分布，在华中、华南地区尤其常见，很多人会采捞河蚬作为食物呢。

中文名	河蚬
学　名	*Corbicula fluminea*
帘蛤目	Venerida
蚬　科	Corbiculidae
蚬　属	*Corbicula*

软体动物门

中文名	褐带环口螺
学 名	*Cyclophorus martensianus*
主扭舌目	Architaenioglossa
环口螺科	Cyclophoridae
环口螺属	*Cyclophorus*

自带"瓶塞"的螺

褐带环口螺

　　褐带环口螺是一种体形比较大的蜗牛，成体的壳宽度大约三四厘米，壳高三厘米左右。它是中国特有的蜗牛，喜欢在陆地上、腐殖质丰富的灌木草丛中玩耍。

　　褐带环口螺的壳面很光滑，呈淡黄色，还有美丽的褐色雾状花纹和环带。它的壳质地很厚实，摸起来像牛角一样坚硬。壳口是圆形的，里面非常光滑，像白瓷一样亮丽。褐带环口螺只有一对触角，长长的、细细的，在它爬行的时候轻轻地触摸身边的各种东西。

　　褐带环口螺有一个很特别的结构，叫作厣（yǎn），就像一个小小的圆盖子，可以严丝合缝地盖住螺口。这个厣是角质的，呈圆形，上面还有螺旋状的纹路。

　　褐带环口螺的厣和烟管螺的闭板有很大的区别。烟管螺的闭板是椭圆形的，与壳连在一起，从外面看不见，必须把壳切开一点才能看见。而褐带环口螺的厣是圆形的，与壳分离，但与肌肉相连，从外面就能看见。

软体动物门

并不能带来福寿

沟瓶螺

你们有没有在池塘边的石头上、水中的植物茎上或者漂浮的小船上看到过一堆堆粉红色的东西呢?那其实是沟瓶螺的卵。沟瓶螺原本来自南美洲,因为人们觉得它很好吃,就把它引进到中国,还给它取了一个好听的名字叫福寿螺。但是,有些沟瓶螺逃到了野外,它们繁殖得很快,变得越来越多。这些沟瓶螺会啃食水生植物,还会挤占本土淡水贝类的家园,令我国的贝类原住民越来越少,对水生生态系统造成很大的破坏。而且,它们还会吃掉水稻、芋头、茭白等水生作物,让农民很头疼。

沟瓶螺是雌雄异体的动物,它们会在晚上交配。交配后,雌螺会爬到比水面高一点的地方产卵,这样可以避免卵被鱼吃掉。刚刚产下的卵是鲜红色的,一段时间后会变成粉红色。

沟瓶螺还是广州管圆线虫、卷棘口吸虫等寄生虫的中间宿主。在我国曾经有很多人因为吃了没煮熟的沟瓶螺而感染了广州管圆线虫。所以,我们吃螺肉的时候,一定要确保它们被煮熟、煮透哦。

中文名 沟瓶螺
学　名 *Pomacea canaliculata*
主扭舌目 Architaenioglossa
瓶螺科 Ampullariidae
瓶螺属 *Pomacea*

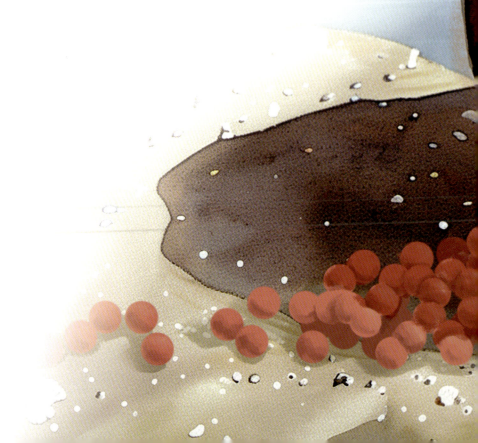

目 录

　　两栖类与爬行类，合称为"两爬"，它们代表了脊椎动物由水生环境向陆生环境过渡的两个阶段，是进化生物学领域内备受瞩目的研究对象。同时，蛙、蛇与龟等动物，被上古时期的人们视为神圣的存在，它们的图腾出现早、流传广、影响深远。时至今日，两爬动物依旧以其独特的神秘气质或是憨态可人的形象，赢得了众多爱好者的青睐。

　　本书蛇类分类系统沿用黄松博士的《中国蛇类图鉴》，两栖类分类系统参考 Vitt 等的《两栖爬行动物学：两栖类生物学入门（第四版）》[Herpetology : An Introductory Biology of Amphibians（Fourth Edition）]，其他类群的分类系统参考 Zug 等的《两栖爬行动物学（第二版）》[Herpetology（Second Edition）]。

神秘的火蛇——赤链蛇 …… 04	龟壳的秘密——乌龟 …… 34
水边的蛙类杀手——乌梢蛇 …… 06	生态终结者——红耳龟 …… 36
蛇中"土皇帝"——王锦蛇 …… 08	有壳但不是龟——中华鳖 …… 38
害羞的青色小蛇——翠青蛇 …… 10	最熟悉的陌生蛙——黑斑侧褶蛙 …… 40
多功能的脖子——虎斑颈槽蛇 …… 12	蛤蟆的秘密武器——中华蟾蜍 …… 42
喜欢山间溪流的蛇——乌华游蛇 …… 14	蛙中之虎——虎纹蛙 …… 44
爱吃蜥蜴蛋的蛇——中国小头蛇 …… 16	唱歌的雨鬼——中国雨蛙 …… 46
神秘的青色毒蛇——福建竹叶青 …… 18	"危险"的食材——美洲牛蛙 …… 48
毒蛇与药物——尖吻蝮 …… 20	井冈山的宝物——井冈山角蟾 …… 50
被蝮蛇咬了怎么办——原矛头蝮 …… 22	姬蛙的小小世界——饰纹姬蛙 …… 52
神奇的站姿——舟山眼镜蛇 …… 24	深夜的奇妙"鸟鸣"——大绿臭蛙 …… 54
死亡源自麻痹大意——银环蛇 …… 26	穿花衬衫的蛙——花臭蛙 …… 56
保命绝活——北草蜥 …… 28	有"黑头粉刺"的蛙——棘胸蛙 …… 58
美丽的尾巴——蓝尾石龙子 …… 30	会游泳的"枯叶"——沼水蛙 …… 60
卵生还是胎生——铜蜓蜥 …… 32	水中的"火龙"——东方蝾螈 …… 62

脊索动物门·爬行纲

04

| 中文名 赤链蛇 |
| 学　名 *Lycodon rufozonatum* |
| 有鳞目 Squamata |
| 游蛇科 Colubridae |
| 白环蛇属 *Lycodon* |

神秘的火蛇

赤链蛇

　　在辽阔的田野和山区，有许多神秘的居民。其中，有一位因为醒目的颜色而引人注目，它就是赤链蛇。它有着近一米三的修长身姿，背侧是炫目的红黑相间的花纹，腹侧则是柔和的灰白色。它的脑袋椭圆，尾巴细长，看起来既可爱又有些神秘。

　　每当夕阳西下，赤链蛇就开始活跃起来。在野外，赤链蛇是一位凶猛的捕食者。它会捕食蛙、鼠、蜥蜴、鸟，甚至其他蛇类。遇到较大的猎物时，它还会用身体紧紧缠住猎物，不让它们有机会逃脱。

　　白天，赤链蛇喜欢藏在草丛、树荫下，或石头的缝隙中，静静地等待夜晚的降临。有时，它还会悄悄溜进人们的住所，隐藏在灶台墙缝中。因此，赤链蛇算是最常见的蛇类之一。也许是因为它的红黑色鳞片就像燃烧的炭火，于是人们给它起了俗名叫"火练蛇"或"火赤链"。

水边的蛙类杀手

乌梢蛇

在河边、池塘或者稻田附近，常常会遇到一种有黑黄色条纹的蛇，这就是乌梢蛇。乌梢蛇是一种无毒蛇，全长两米左右，肚子黄白色，背部黄褐色，身体前半段有非常明显的四条黑色竖向花纹，后半段花纹逐渐变模糊，尾部颜色又稍稍偏绿，非常适合在草丛里隐藏。

乌梢蛇刚孵化出来时是鲜嫩的绿色，背部黑色的纹路也一直延伸到尾部。当乌梢蛇长大时，它的鳞片会慢慢变黄。

乌梢蛇喜欢在白天活动，在江河、池塘或稻田的附近，你常常能看到它们伺机而动的身影。蛙类是它们最爱的食物，但有时候，它们也会品尝一些鱼类和小型哺乳动物。

乌梢蛇的眼睛，是它们的魅力所在。与其他蛇相比，它们的眼睛特别大，瞳孔又黑又圆，像两颗闪闪发光的宝石。也许正是因为这双迷人的眼睛，乌梢蛇的英文名叫 Big-eyed Ratsnake，意思是"大眼鼠蛇"。

中文名 乌梢蛇
学　名 *Zaocys dhumnades*
有鳞目 Squamata
游蛇科 Colubridae
乌梢蛇属 *Zaocys*

蛇中"土皇帝"

王锦蛇

在辽阔的平原和丘陵地区，生活着一位蛇界的"土皇帝"，它虽然无毒，却让很多蛇都害怕，这就是王锦蛇。王锦蛇名字的来历十分有趣。当王锦蛇成年后，脑袋上的鳞片会形成"大王"两个字。也有一些人根据它身体后半段鳞片的花纹，给它起了另一个名字——"菜花蛇"或"油菜花"。因为那些鳞片是黑色，中间有一块黄色斑点，看起来就像油菜花的花瓣，十分可爱。

王锦蛇之所以能成为"土皇帝"，首先，因为王锦蛇很大，成年蛇体长约两米二，比很多蛇都大，这让它在和其他蛇的战斗中取得优势。其次，王锦蛇还是一位勇猛的猎手，它喜欢吃蜥蜴、蛇、鼠、蛙、鸟，以及鸟蛋，而且非常善于攀爬。最后，王锦蛇的血液里有一种特殊的物质，能够抑制蝮蛇的血循毒素，让蝮蛇的战斗力大打折扣。因此，王锦蛇能捕食毒蛇，就连尖吻蝮这样强大的毒蛇也不是它的对手。所以有句俗语："一里菜花蛇，十里无毒蛇"。但如果王锦蛇被银环蛇等拥有神经毒素的毒蛇咬到，它还是会中毒而死。

中文名	王锦蛇
学　名	*Elaphe carinata*
有鳞目	Squamata
游蛇科	Colubridae
锦蛇属	*Elaphe*

中文名	翠青蛇
学　名	*Cyclophiops major*
有鳞目	Squamata
游蛇科	Colubridae
翠青蛇属	*Cyclophiops*

害羞的青色小蛇

翠青蛇

在宁静的乡野里，生活着一种非常害羞的蛇——翠青蛇。翠青蛇的身体是翠绿色的，就像新鲜的树叶一样。但是，翠青蛇并不是人们常说的毒蛇竹叶青哦！它的脑袋是椭圆的，而不是竹叶青那样的三角形。

翠青蛇胆小又害羞，主要以蚯蚓和昆虫为食，不喜欢被人们打扰。它们喜欢在白天活动，常常藏在草丛或石头下面，或者趴在树上靠体色隐藏自己。如果被发现了或者感受到危险，翠青蛇会优先选择逃跑而不是反击。

翠青蛇不仅无毒无害，相反非常容易受到伤害。因为有些人觉得翠青蛇的色彩非常漂亮，于是想要抓它来当宠物。但是，这样做往往会让翠青蛇感到非常害怕，甚至怕得不敢吃东西，于是很快死亡。由于栖息地的破坏，以及人为的捕捉，翠青蛇的数量正在逐渐减少。所以，我们需要好好保护翠青蛇，让它们能够继续快乐地生活。

脊索动物门·爬行纲

中文名	虎斑颈槽蛇
学 名	*Rhabdophis tigrinus*
有鳞目	Squamata
游蛇科	Colubridae
颈槽蛇属	*Rhabdophis*

多功能的脖子

虎斑颈槽蛇

　　脖子是身体非常重要的部分，它肩负着连接大脑和身体的重任。而对虎斑颈槽蛇来说，脖子还有更多的功能。虎斑颈槽蛇的身体前部是橘红色和黑色相间的斑纹，就像老虎的花纹一样。而它的身体后半段则是橄榄色，散布黑色的斑块。

　　虎斑颈槽蛇的颈背上有两列突起的腺体，这些腺体中间形成了一个"槽"，这也是它们被称为颈槽蛇的原因。这种腺体叫作颈腺，当虎斑颈槽蛇遇到危险时，它会竖起脖子，低下头，然后从颈腺中喷射出毒素。这种毒素能够入侵皮肤黏膜，让敌人感到麻痹和红肿疼痛。研究发现，虎斑颈槽蛇颈腺中的毒素来源于它们的食物。比如，当虎斑颈槽蛇吃掉了一只蟾蜍后，它的颈腺中就会出现蟾蜍才能分泌的毒素。真是一种神奇的现象！

　　虎斑槽颈蛇不仅有颈腺，它的口腔里还有一种特殊的毒腺，叫达氏腺。尽管虎斑槽颈蛇没有毒蛇那样又粗又大，还会注射毒液的毒牙，毒素也不及眼镜蛇或者尖吻蝮那样剧烈，但也是可以致人死亡的。所以，在野外遇到虎斑颈槽蛇一定要绕着走。

中文名	乌华游蛇
学　名	*Trimerodytes percarinatus*
有鳞目	Squamata
游蛇科	Colubridae
华游蛇属	*Trimerodytes*

喜欢山间溪流的蛇

乌华游蛇

　　许多蛇都是陆生动物，那么有没有喜欢水的蛇呢？当然有，乌华游蛇就是一种半水生的蛇类。它们不大不小，体长在一米至一米三之间。乌华游蛇的背部是深橄榄绿色，还夹杂着一些分叉的深色横纹，这种颜色和花纹很像是水中石头上的青苔，给它们增添了几分神秘感。当小乌华游蛇刚刚从蛋里孵出来时，它们的身体两侧有三角形的橘红色斑块，就像镶嵌在它们身上的花瓷砖，美丽而独特。但随着时间的推移，这些鲜艳的色斑会渐渐褪色，变得不那么明显。

　　乌华游蛇是白天活动的蛇类，当夜幕降临，它们会找一个安静的地方休息，养精蓄锐。乌华游蛇可以憋着气在水下觅食，它们喜欢吃鱼、蛙、河虾等各种水生动物，所以山间溪流、湖泊等有水的地方常常能看到它们的身影，有时它们还会溜进稻田捕食。

爱吃蜥蜴蛋的蛇

中国小头蛇

在中国中部和南部的山区丘陵，住着一种特别的蛇——中国小头蛇。它体形中小，体长大约七十厘米。它无毒无害，可以和人类和平共处。因为它的长度和宽度正好和秤杆相似，所以它有一个非常有趣的俗名，叫作"秤杆蛇"。

中国小头蛇的头比较小，几乎看不出它的脖子在哪里。它的头部前面有一条醒目的横斑，颈背上还有一条独特的人字形横斑，这就是它的标志，让人一眼就能认出它来。这种蛇的背面是褐色或灰褐色，上面布满了深褐色的横纹。当它藏在枯叶或树枝中时，你几乎分辨不出它和周围的环境有什么不同。

中国小头蛇是一种非常温顺的蛇类，如果遇到人类，它不会攻击，而是会想办法尽快逃跑。中国小头蛇主要吃爬行动物的卵，比如壁虎卵和蜥蜴卵，也吃一些蛙和蜥蜴。在吞食卵的时候，它的牙会划开卵壳，让卵更好消化。

中文名	中国小头蛇
学　名	*Oligodon chinensis*
有鳞目	Squamata
游蛇科	Colubridae
小头蛇属	*Oligodon*

神秘的青色毒蛇

福建竹叶青

在山间的树林中,有一种如翡翠般闪耀的蝮蛇——福建竹叶青。它的头颅略呈三角形,身着翠绿的华服,红色或黄色的眼睛眯成一条竖线,身体两侧绘有白色或白色与红色的侧线,尾巴则是棕红色。这种强烈的红绿对比为它增添了几分神秘与妖娆。

福建竹叶青是善于隐藏的猎手,它喜欢在水域附近游荡,也会穿梭于草丛、灌木和石头之间,寻找着蛙和蜥蜴等美食,偶尔也会吃一些鼠类。

竹叶青的身体与树叶如此相似,所以常有人在不经意间接触到它。正因如此,竹叶青是最常咬伤人的蛇之一。尽管竹叶青体长只有八十至九十厘米,但它却拥有不容小觑的威力。这是因为它拥有血循毒素,被这种蛇咬伤后会引起非常剧烈的疼痛和红肿,甚至会吐血。所以被竹叶青咬伤后需要及时就医,否则容易留下后遗症,严重时甚至需要截肢。

中文名	福建竹叶青
学　名	*Trimeresurus stejnegeri*
有鳞目	Squamata
蝰　科	Viperidae
竹叶青属	*Trimeresurus*

毒蛇与药物

尖吻蝮

在《山海经》里提到过一种叫作"蝮"的毒蛇，现在我们叫它尖吻蝮。它的身体长约一米三，脑袋呈三角形，前端尖且略微上翘，好像正在生气地噘嘴。它又粗又长的身体上有大块的方形斑纹，非常独特。

尖吻蝮平时喜欢趴在地上一动不动，身体的花纹和落叶融为一体。有猎物或者危险靠近时会突然跳起，一口咬下。它的嘴里有几根又长又尖的毒牙，可以向猎物注入毒液。尖吻蝮是林间的捕鼠能手，同时会吃少量蛙、鸟、蜥蜴和其他蛇类。它的毒素是血循毒素，人被咬了之后伤口会流血不止，产生强烈的疼痛感，严重可致死，所以必须立刻去看医生。

尖吻蝮有很多别名，如五步蛇、棋盘蛇、瞎子蛇、吊等扑、翘鼻蛇等。这么多的别名，很好地体现了这种蛇在我国分布多么广泛，给人的印象多么深刻。

尖吻蝮不会主动攻击人类，在野外遇到了躲开就行。万一被咬了也不要太紧张，只要及时就医并注射抗蛇毒血清，一般就不会有生命危险。此外，科学家还发现蛇毒有抗凝血、止血和抑制肿瘤细胞的作用。只要使用得当，毒素也可以成为救人的良药呢。

中文名	尖吻蝮
学　名	*Deinagkistrodon acutus*
有鳞目	Squamata
蝰　科	Viperidae
尖吻蝮属	*Deinagkistrodon*

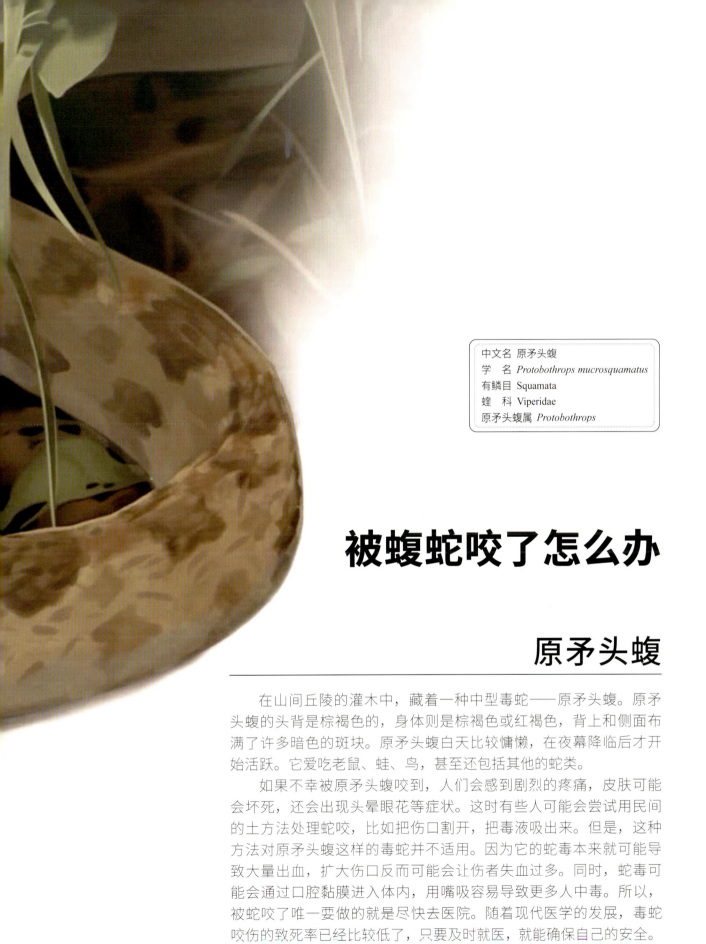

中文名	原矛头蝮
学 名	*Protobothrops mucrosquamatus*
有鳞目	Squamata
蝰 科	Viperidae
原矛头蝮属	*Protobothrops*

被蝮蛇咬了怎么办

原矛头蝮

在山间丘陵的灌木中，藏着一种中型毒蛇——原矛头蝮。原矛头蝮的头背是棕褐色的，身体则是棕褐色或红褐色，背上和侧面布满了许多暗色的斑块。原矛头蝮白天比较慵懒，在夜幕降临后才开始活跃。它爱吃老鼠、蛙、鸟，甚至还包括其他的蛇类。

如果不幸被原矛头蝮咬到，人们会感到剧烈的疼痛，皮肤可能会坏死，还会出现头晕眼花等症状。这时有些人可能会尝试用民间的土方法处理蛇咬，比如把伤口割开，把毒液吸出来。但是，这种方法对原矛头蝮这样的毒蛇并不适用。因为它的蛇毒本来就可能导致大量出血，扩大伤口反而可能会让伤者失血过多。同时，蛇毒可能会通过口腔黏膜进入体内，用嘴吸容易导致更多人中毒。所以，被蛇咬了唯一要做的就是尽快去医院。随着现代医学的发展，毒蛇咬伤的致死率已经比较低了，只要及时就医，就能确保自己的安全。

神奇的站姿

舟山眼镜蛇

你是否见过这样的画面：一条蛇立起上半身，颈部变得又宽又扁，轻轻晃悠着，发出"呼呼"的声音。这种"站姿"就是眼镜蛇在受到威胁时展示的独特的攻击姿态。在我国中部和南部常见的眼镜蛇为舟山眼镜蛇，它们通体暗褐色，有少量浅色横纹，脖子的背面常有双片眼镜状的斑纹，但也有没有斑纹或者有其他形状的斑纹的情况。

舟山眼镜蛇通常在白天活动，吃各种小动物，如蛙、蛇、鼠、鸟和鱼。它们常常会在人类居住区出现，因此常出现咬伤事件。舟山眼镜蛇的蛇毒主要是神经毒素，可以抑制神经的功能。这种毒素会让动物不能操纵自己的躯体，甚至连呼吸的力量也会失去，致死率很高。

研究表明，眼镜蛇毒中的神经毒素有明显的镇痛作用，而且更神奇的是，用这种神经毒素制成的镇痛药没有成瘾性和耐药性，所以，这种药物有望成为更好的镇痛药物，帮助受到疼痛折磨的病人缓解痛苦。

中文名 舟山眼镜蛇
学　名 *Naja atra*
有鳞目 Squamata
眼镜蛇科 Elapidae
眼镜蛇属 *Naja*

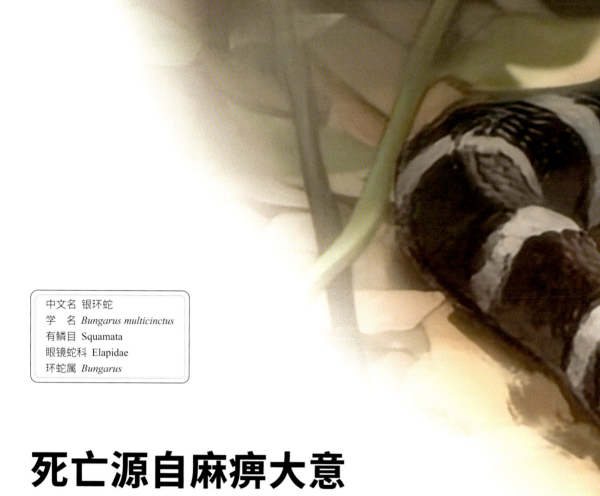

中文名	银环蛇
学　名	*Bungarus multicinctus*
有鳞目	Squamata
眼镜蛇科	Elapidae
环蛇属	*Bungarus*

死亡源自麻痹大意

银环蛇

如果你在野外看到一条黑白相间的蛇，一定要远远地躲开！因为那可能是一种致死率非常高的毒蛇——银环蛇。银环蛇是我国常见的中大型毒蛇，成年蛇全长约一米五，背部高高突起，像一排小小的山峦。

银环蛇在我国中部和南部较为常见，它们遍布山区丘陵，白天藏身于石缝、树洞、灌木、草垛等各种地方，夜晚外出到水边觅食，它们爱吃鱼、蛙、鼠、蜥蜴和其他蛇。人们在乡野居住或者在野外探险的时候，说不定就会意外地和银环蛇碰面。

当你不幸被银环蛇咬伤时，你会发现伤口很小，而且不会红肿，就像被针扎了一下。但几小时后，你就会感觉意识模糊、呼吸麻痹，那是银环蛇的神经毒素开始生效了，这时连最好的医生都没办法救你了。在我国，被银环蛇咬伤的死亡率甚至比蝮蛇还要高。所以，被蛇咬了一定要赶紧去医院，绝不可麻痹大意。如果有余力，就要记住咬你的蛇是什么花色，这样可以帮助医生尽快诊断。

保命绝活

中文名	北草蜥
学　名	*Takydromus septentrionalis*
有鳞目	Squamata
蜥蜴科	Lacertidae
草蜥属	*Takydromus*

北草蜥

想象一下，一只伯劳正在觅食，它看见一只攀在灌木上的蜥蜴。伯劳立刻飞过去想要抓住它饱餐一顿。这只蜥蜴非常灵活，它迅速逃跑，但还是慢了一步，伯劳叼住了它的尾巴，蜥蜴似乎在劫难逃了！

突然，蜥蜴的尾巴齐根断掉了，并且断掉的尾巴竟然还在挣扎。伯劳忙着摁住乱蹦的尾巴，根本没注意蜥蜴已经跑掉了。就这样，伯劳本来想吃一顿豪华大餐，却只抓到一根"辣条"。

原来，这是一只北草蜥，它们有断尾求生的本领。别担心，它们的尾巴还会长回来的。为什么蜥蜴尾巴断了还能动呢？原来蜥蜴的尾巴里储存了大量的糖类，就像驱动尾部肌肉的电池一样。在尾巴断掉之后这些糖类就会分解，释放能量，让尾巴的肌肉能不断收缩，看起来就像尾巴还在继续挣扎。

中文名 蓝尾石龙子
学　名 *Plestiodon elegans*
有鳞目 Squamata
石龙子科 Scincidae
石龙子属 *Plestiodon*

美丽的尾巴

蓝尾石龙子

　　石龙子身体纤细，有一条长长的尾巴，好像长了手脚的蛇，所以又叫"四脚蛇"。在石龙子一族中，有一种拥有特别美丽的尾巴，这就是蓝尾石龙子。蓝尾石龙子的尾巴细长，比身体还要长，尾巴后半段是宝石一般鲜艳的蓝色或淡绿色，这种明艳的色彩在灰黄的土地上如此显眼，宛如夜空中的星星一样光彩夺目。

　　蓝尾石龙子一般白天活动，栖息于山区路旁草丛、石缝或树林下溪边乱石堆杂草中，捕食各类节肢动物和小型爬行动物。它们闲暇时常常在山坡上晒太阳，受惊扰后会立即躲起来。

　　关于蓝尾石龙子为什么有如此显眼的尾巴，有一种说法是为了让尾巴吸引敌人的注意。蓝尾石龙子的天敌主要是蛇类，而蛇类可以看见紫外线。蓝色的尾巴可以强烈反射紫外线，让蛇在发动攻击时，不由自主地对准这根"耀眼的"尾巴而不是身体进行攻击。这时，蓝尾石龙子就可以断掉尾巴逃跑了。

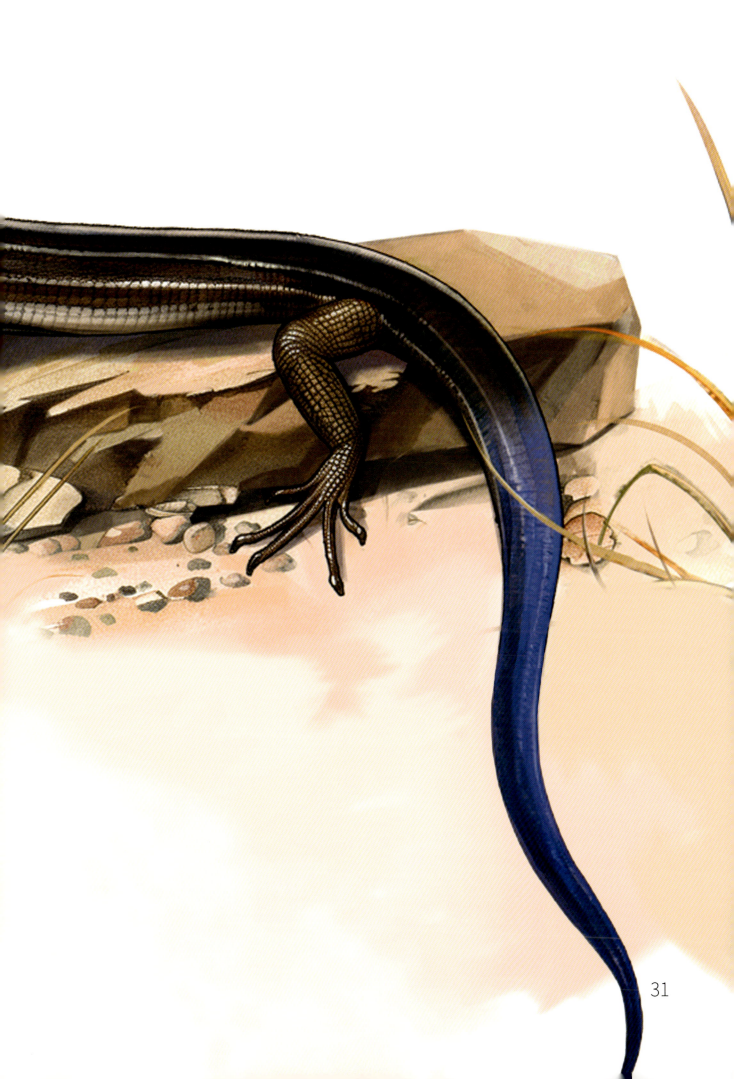

中文名 铜蜓蜥
学　名 *Sphenomorphus indicus*
有鳞目 Squamata
石龙子科 Scincidae
蜓蜥属 *Sphenomorphus*

卵生还是胎生

铜蜓蜥

　　铜蜓蜥是一种中国常见的石龙子,它身上披着古铜色的鳞片,背脊有一条黑脊纹,身体两侧各有一条黑色纵带。在阳光下鳞片锃光瓦亮,就像披着铜铸的铠甲。

　　铜蜓蜥喜欢温暖潮湿的环境。它们一般生活在平原及山地阴湿草丛、荒石堆或有裂隙的石壁处。它们很怕冷,一般在白天出来活动。和很多石龙子一样,它们捕食各种昆虫和其他小型动物,如蜘蛛、鼠妇、蚯蚓和田螺等。在秋季气温持续低于十三摄氏度后,它们会进行冬眠。

　　在繁殖的时候,雌性铜蜓蜥会将卵保存在身体里,直到孵化后直接产下小铜蜓蜥。刚生下来的仔蜥脐带是和残余的卵黄连接在一起的,而不是和母体连接在一起的。这种看起来像胎生实际上是卵生的行为叫作卵胎生。

脊索动物门·爬行纲

龟壳的秘密

乌龟

国家二级保护野生动物（仅限野外种群）

乌龟是一种很特别的动物，它们自带坚固的"盔甲"，生活在河流、池塘。乌龟吃虾、小鱼及植物性食物。乌龟只要受到惊扰，就会缩回壳内。因为跑得慢又特征明显，所以人们很早就认识了乌龟这种动物。古代人通过龟甲上的裂纹进行占卜，并在龟甲和兽骨上刻图案，这些图案逐渐演化成了甲骨文，并最终成为我们现在用的汉字。

乌龟壳是由脊椎和肋骨发育而来的，属于骨质结构，并且外层还覆盖着类似手指甲材质的盾片。这种材质和结构让乌龟的壳不仅坚硬，还具有一定弹性。但乌龟壳不是乌龟的衣服，而是身体的一部分，当乌龟壳被磨破时，乌龟就受伤了，并且可能因为伤口感染而死亡。

当乌龟慢慢长大时，它也会像蛇和蜥蜴蜕皮一样蜕壳，这时它的龟壳外层会一块一块地掉下来，露出下面新的龟壳，就像春夏的梧桐树皮一样。

在我国，乌龟的分布虽然很广泛，但随着栖息地的破坏、环境的污染和入侵物种的竞争，野生的乌龟已经非常少了。为了保护它们，野生的乌龟种群被定为了国家二级保护野生动物。

中文名 乌龟
学 名 *Mauremys reevesii*
龟鳖目 Testudinata
地龟科 Geoemydidae
拟水龟属 *Mauremys*

中文名 红耳龟
学　名 *Trachemys scripta*
龟鳖目 Testudinata
龟　科 Emydidae
彩龟属 *Trachemys*

生态终结者

红耳龟

在街边小摊贩和花鸟鱼市场，常常能看见一种巴掌大的宠物小龟。它有漂亮的灰绿色花壳，脑袋和四肢有浅色条纹，头的两侧还各有一个鲜艳的红点。它的名字叫作红耳龟，别看它这么可爱，红耳龟可是令人头疼的"生态终结者"。

红耳龟在1987年至1988年从美国引入我国，作为食物大量养殖。但其中一部分流入野外，成为难以消除的入侵物种。红耳龟可以长到三十厘米长，繁殖力和适应力都很强，而且性情凶猛，会捕食各种鱼、虾、贝类和昆虫，还会取食植物茎叶。许多本土的龟鳖都抢不过它们，渐渐在水域中消失。就这样，原本生机勃勃、万物竞发的水域，逐渐变成只有红耳龟生存的泥潭。

那么，可以养红耳龟做宠物吗？红耳龟性格不太温顺，在喂食时可能会咬主人。同时它们寿命很长，通常在二十年以上，有些甚至能活到四十岁。所以，在养之前一定要考虑清楚，自己究竟能否对它负责到底。最重要的是，即使不养也绝对不能放任它到野外，从而破坏生态环境。

脊索动物门·爬行纲

有壳但不是龟

中华鳖

龟都有壳，但有壳的动物不一定是龟，它还有可能是鳖（biē）。鳖和龟有很多区别，首先，鳖的背甲往往是一整块，而龟的背甲像瓷砖一样由好几块拼起来。其次，鳖的背甲四周有一圈肉质软边，叫作裙边，龟则没有这种裙边。

中华鳖又叫甲鱼，是我国常见的鳖，它们全身暗黄绿色，就像河底的淤泥。它们的脑袋尖尖的，四肢还有蹼，这让它们可以快速地在水中游动。中华鳖生活于江河、湖沼、池塘、水库等水流平缓、有很多鱼虾的湿地，中华鳖爱吃昆虫、蚯蚓和小鱼等水生生物，也吃一些水生植物。在安静、清洁、阳光充足的水岸边容易遇见它们，它们会趴在石头上晒太阳和吹风，一副闲适又安静的样子。

此外，中华鳖也是我国常见的养殖鳖类，它们肉味鲜美，富含胶原蛋白和维生素 D，是一种广受欢迎的食材。

中文名	中华鳖
学　名	*Pelodiscus sinensis*
龟鳖目	Testudinata
鳖　科	Trionychidae
鳖　属	*Pelodiscus*

中文名	黑斑侧褶蛙
学　名	*Pelophylax nigromaculatus*
无尾目	Anura
蛙　科	Ranidae
侧褶蛙属	*Pelophylax*

最熟悉的陌生蛙

黑斑侧褶蛙

　　当我们说到两栖类的时候，常常会用"青蛙"作代表，但你知道常见青蛙的正式名称是什么吗？黑斑侧褶蛙就是一种非常常见的青色蛙类，它广泛生活于东亚地区的平原或丘陵的水田、池塘、湖沼区及海拔两千二百米以下的山地，在城市中也能见到。黑斑侧褶蛙背面皮肤较粗糙；体背面颜色多样，有淡绿色、黄绿色、深绿色、灰褐色等颜色，杂有许多大小不一的黑斑纹。

　　黑斑侧褶蛙的形象非常典型，所谓的"青蛙""田鸡""青鸡""青头蛤蟆"都是它的别名。它的叫声是典型的"咕咕呱呱"的声音，鸣叫时脑袋两侧的鸣囊鼓得圆圆的，像两只气球。

　　黑斑侧褶蛙的繁殖行为也是蛙类的典型，每年三月到四月，雄蛙会趴在雌蛙背上，紧紧地抱住雌蛙。当雌蛙在合适的浅水处产卵时，雄蛙会同步排出精子，这样蛙卵就会受精，可以孵化出小蝌蚪了。这种不进行交配、卵排出体外后才受精的方式叫作体外受精，许多鱼和两栖类都是这样的受精方式。

　　黑斑侧褶蛙的蛙卵也非常典型。卵有两种颜色，浮在水面上的一侧是深棕色，叫作动物极，泡在水里的一侧是淡黄色，叫作植物极。从水上往水下看，水底的颜色深，和动物极一样；从水下往水上看，水面的颜色浅，和植物极相似。这样的卵就不容易被发现啦。

中文名	中华蟾蜍
学　名	*Bufo gargarizans*
无尾目	Anura
蟾蜍科	Bufonidae
蟾蜍属	*Bufo*

蛤蟆的秘密武器

中华蟾蜍

在两栖动物中，最常见的莫过于青蛙和蛤蟆了。而在我们中国的大地上，最常见的蛤蟆就是中华蟾蜍。它的皮肤往往是棕褐色的，有点粗糙，背上还有许多小疙瘩。

中华蟾蜍是个厉害的捕食者哦！它喜欢晚上出来活动，吃各种昆虫。中华蟾蜍常常呆坐着一动不动，但在锁定猎物以后，会以迅雷不及掩耳之势，吐出黏糊糊的舌头，将小虫吞入腹中。

和青蛙一样，中华蟾蜍也非常喜欢水，会把卵产在水里，孵化出小蝌蚪。如何区分青蛙的蝌蚪和蟾蜍的蝌蚪呢？原来，蟾蜍的蝌蚪往往颜色较深，嘴在头的下方，而不像青蛙的蝌蚪一样颜色较浅，嘴在头的前方。

中华蟾蜍有一个特别的能力。当它遇到危险或者受到刺激时，它皮肤上的小腺体就会分泌出一种神奇的物质，叫作蟾酥。蟾酥是一种非常有用的中药，可以消肿止疼，还能解热消暑。

不过，虽然蟾酥是药，但也不能随便使用。有的人听说蟾酥可以治病，就自己去抓蟾蜍来吃，结果反而中了毒。此外，如果摸了中华蟾蜍后没有洗手就吃东西，也可能会中毒呢！中毒的症状包括头晕、胸闷、恶心等，严重的话甚至可能会致命。所以，一定不可以随便接触中华蟾蜍哦。

蛙中之虎

国家二级保护野生动物（仅限野外种群） **虎纹蛙**

在我国，生活着一种特别的青蛙，它的名字叫虎纹蛙。为什么叫这个名字呢？因为它的身体是灰棕色和黄绿色相间的，背上还有深色的斑点，四肢上更是有着像老虎花纹一样的横型深色斑纹，真的好像一只小老虎呢。就连虎纹蛙的英文名都是 Chinese Tiger Frog，意思是"中国老虎蛙"。

虎纹蛙一般出现在低海拔丘陵地带山脚下，它们喜欢住在旷野中、稻田里、鱼塘边、水库旁，以及沟渠和水坑里。虎纹蛙会发出如犬吠般的鸣声，听起来有点凶猛，但实际上它们是在和同伴交流呢。

虎纹蛙不只是外表有老虎一般的花纹，它的性格也真的很凶猛。虎纹蛙在蝌蚪阶段就能吞食鱼苗和其他蝌蚪，甚至在食物不够吃的时候，它们还会互相撕咬呢！而长大后的虎纹蛙，除了捕食昆虫，还会吃少量虾蟹、贝壳，甚至其他小型蛙类。

然而人类大量捕食它们，导致它们的数量越来越少。现在，野生的虎纹蛙已经成为了国家二级保护野生动物。

中文名 虎纹蛙
学　名 *Hoplobatrachus chinensis*
无尾目 Anura
叉舌蛙科 Dicroglossidae
虎纹蛙属 *Hoplobatrachus*

脊索动物门·两栖纲

唱歌的雨鬼

中国雨蛙

在中国东南部,生活着一种小巧可爱的青蛙,它们体长只有三十毫米至四十毫米,背部是美丽的翠绿色,像一块璀璨的翡翠,这就是中国雨蛙。不同于我们常见的青蛙,中国雨蛙属于树栖蛙类,它们不喜欢在地上蹦跳,而更喜欢在树上栖息,因此又被当地居民亲切地称为"绿猴"。

白天,这些小小的中国雨蛙会躲藏在树根附近的洞穴或石头缝里,静静地休息。但到了夜晚,它们就会来到灌丛、水塘芦苇以及美人蕉等高高的作物上捕食昆虫,同时开始它们的歌唱。中国雨蛙的叫声尖锐而急促,像是用湿纸巾快速地摩擦光滑的碗或玻璃,听起来既神秘又美妙。

中国雨蛙的名字里有个"雨"字,这是因为它们确实和雨有着密切的关系。每当下雨或雨后,空气湿度都会增大,这时中国雨蛙就会变得更加活跃,更容易被人发现。因此,有些民间传说中,它们是只有下雨时才会出现的"雨鬼"或者"雨怪"。

下次雨后的晚间散步时,不妨留心听一听,看看是否能分辨出中国雨蛙的歌声呢?

中文名	中国雨蛙
学　名	*Hyla chinensis*
无尾目	Anura
雨蛙科	Hylidae
雨蛙属	*Hyla*

"危险"的食材

美洲牛蛙

在遥远的南美洲,生活着一种特别的蛙类,它们被称为美洲牛蛙。美洲牛蛙的身体是土黄色的,四肢还有深色的斑纹。二十世纪六十年代,美洲牛蛙被作为肉用蛙类引进到了中国。它们的肉质细腻滑嫩,富有弹性,成了人们餐桌上的美味佳肴。

美洲牛蛙不仅体形巨大,体长可达二十厘米,重量更是能高达两公斤,真是蛙类中的"巨无霸"呢。除了成体大,美洲牛蛙的蝌蚪也非常大,可以达到十五厘米长。这些蝌蚪可是水中的小霸王,会捕食各种水生昆虫、小鱼和小蝌蚪。而最让人印象深刻的是,美洲牛蛙的声音洪亮如牛,因此得名 Bullfrog,意为"公牛青蛙"。每当春夏牛蛙活跃的季节,它们聚集鸣叫,让寂静的夜晚变得喧闹无比。

然而,需要注意的是,有一部分美洲牛蛙逃逸到了野外。由于它们体形巨大,许多本土物种都不是它们的对手。它们不仅抢夺了其他生物的食物和生存家园,甚至还会捕食其他生物,许多本土的鱼类、蛙类、蝾螈、蜥蜴、蛇和鸟类都惨遭毒手。所以,为了保护生态环境,绝对不能将美洲牛蛙放生到野外哦!

中文名	美洲牛蛙
学 名	*Lithobates catesbeianus*
无尾目	Anura
蛙 科	Ranidae
牛蛙属	*Lithobates*

中文名	井冈角蟾
学　名	*Boulenophrys jinggangensis*
无尾目	Anura
角蟾科	Megophryidae
布角蟾属	*Boulenophrys*

井冈山的宝物

井冈角蟾

　　井冈山国家级自然保护区是江西的绿色宝藏，这里的大自然藏着许多秘密，其中有一种名为"井冈山角蟾"的神奇蛙类。在很长一段时间里，人们都不知道这种蛙类的存在。直到 2012 年，它们才被一些好奇的科学家发现。这些角蟾生活在井冈山一带的亚热带常绿阔叶林里，它们喜欢那些水流平缓的小溪，并且只有在海拔四百米以上的山间才能被发现。

　　为什么叫它们"角蟾"呢？当然是因为它们的头上长着一对角。不过，这并不是真正的角哦，而是上眼睑处小小的尖锐疣粒突起。它们的身体是棕褐色的，布满了小小的疣突，四肢和腹部还有美丽的斑纹，看起来就像是落在水中的半腐烂的落叶。这样的颜色帮助它们在自然界中隐身，躲避捕食者的追捕。

　　井冈山角蟾只在井冈山北部、江西与湖南交界一带出现，其他地方的人们都没有找到过它们。所以，这个小小的区域是它们唯一的避风港。如果这片山林被破坏，那么这些独特的角蟾就可能永远消失，我们就再也没机会知道它们是否有独特的行为、生态价值或者科研价值了。

姬蛙的小小世界

饰纹姬蛙

在中文中,"姬"有"小"的意思,所以姬蛙意思是很小的蛙。饰纹姬蛙成体的体长还不到三厘米,甚至比一些大型蛙类的蝌蚪还小。这些小小的蛙喜欢生活在海拔一千四百米以下的平原、丘陵和山地的泥窝、土穴里,或者在水域附近的草丛中玩耍。

饰纹姬蛙皮肤粗糙,背面粉灰色,也可能是黄棕色或者灰棕色,具许多小疣,四肢还有一些深色斑纹。它们的背部常常有一个褐色的图案,像一个盘腿坐着、手臂垂在身体两侧正在安静思考。

饰纹姬蛙主要以蚁类为食,雄蛙会发出一种低沉而慢的鸣叫声,就像"嘎、嘎、嘎、嘎"一样。当春天来临时,雄蛙和雌蛙会抱对,随后雌蛙会在有水草的静水塘或雨后临时积水坑里产卵。每次产卵有二百到五百粒那么多,卵的直径只有一毫米左右,它们粘在一起形成单层的小片,像一片小小的地毯浮在水面上。大约二十四小时后,这些卵就会变成小蝌蚪,它们会在水中生活近一个月,然后变成可爱的小蛙。

中文名	饰纹姬蛙
学　名	*Microhyla fissipes*
无尾目	Anura
姬蛙科	Microhylidae
姬蛙属	*Microhyla*

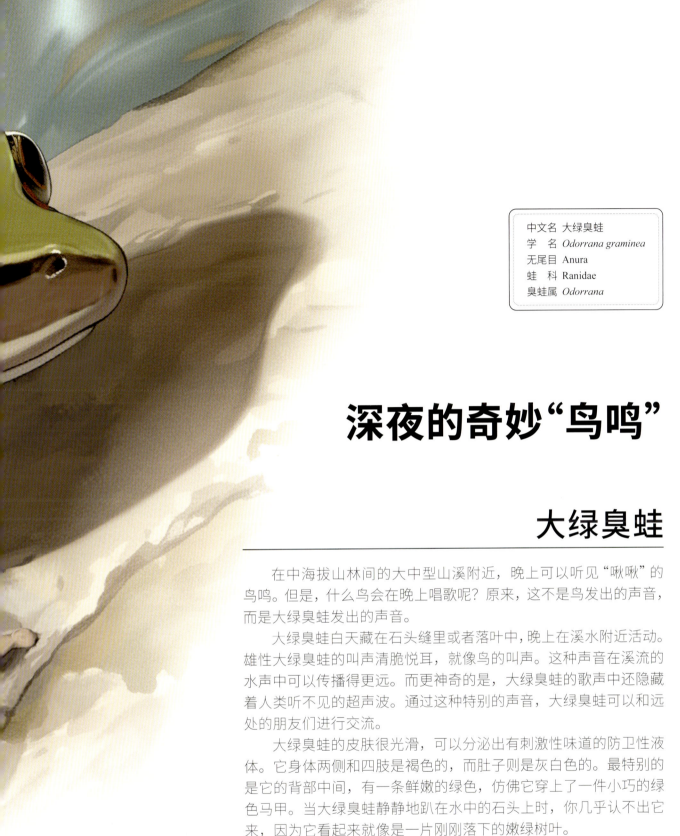

中文名	大绿臭蛙
学　名	*Odorrana graminea*
无尾目	Anura
蛙　科	Ranidae
臭蛙属	*Odorrana*

深夜的奇妙"鸟鸣"

大绿臭蛙

在中海拔山林间的大中型山溪附近，晚上可以听见"啾啾"的鸟鸣。但是，什么鸟会在晚上唱歌呢？原来，这不是鸟发出的声音，而是大绿臭蛙发出的声音。

大绿臭蛙白天藏在石头缝里或者落叶中，晚上在溪水附近活动。雄性大绿臭蛙的叫声清脆悦耳，就像鸟的叫声。这种声音在溪流的水声中可以传播得更远。而更神奇的是，大绿臭蛙的歌声中还隐藏着人类听不见的超声波。通过这种特别的声音，大绿臭蛙可以和远处的朋友们进行交流。

大绿臭蛙的皮肤很光滑，可以分泌出有刺激性味道的防卫性液体。它身体两侧和四肢是褐色的，而肚子则是灰白色的。最特别的是它的背部中间，有一条鲜嫩的绿色，仿佛它穿上了一件小巧的绿色马甲。当大绿臭蛙静静地趴在水中的石头上时，你几乎认不出它来，因为它看起来就像是一片刚刚落下的嫩绿树叶。

在五六月的夜晚，你可能会看到一只大绿臭蛙的背上背着一只小小的大绿臭蛙。但这并不是妈妈背着宝宝，而是妻子背着丈夫呢！原来，大绿臭蛙的雄蛙身体只有五厘米左右长，而雌蛙却有九厘米长。在繁殖季节，雄蛙会趴在雌蛙的背上，紧紧抱住雌蛙，看起来就像雌蛙背着雄蛙一样，真是有趣的场景。

中文名	花臭蛙
学　名	*Odorrana schmackeri*
无尾目	Anura
蛙　科	Ranidae
臭蛙属	*Odorrana*

穿花衬衫的蛙

花臭蛙

在静谧的山间溪流旁，住着一种特别的小蛙——花臭蛙。它穿着有斑点的花背心，在清澈见底的溪水中嬉戏玩耍。花臭蛙的皮肤滑溜溜的，背部是翠绿色的，上面点缀着大大的棕褐色或褐黑色斑点，边缘还镶着浅色的花边，而身体两侧则是黄绿色，布满了大小不一的黑棕色斑点。这样的斑纹就像阳光映在落叶上的阴影，也与苔藓的颜色相似，真是巧妙的伪装高手！

虽然名字里有个"臭"字，但花臭蛙其实非常爱干净。它对溪流的水质有着严格的要求，只喜欢生活在植被茂盛、环境湿润、有很多石头和苔藓的小溪里。成蛙常常安静地蹲在溪边的岩石上，头朝着溪内，如果遇到危险，花臭蛙会迅速跳入水凼并潜入深水石间。十几分钟后，花臭蛙又会游回岸边，继续"打坐"。如果不幸被捕食者抓住了，花臭蛙的皮肤还会分泌出像油漆一样难闻的液体，让捕食者望而却步，放弃捕食。

每年的七八月，是花臭蛙最忙碌的时候。雄蛙会在夜间发出清脆的鸣叫声，吸引雌蛙的注意。雄性花臭蛙的体长只有四厘米左右，而雌蛙则长达八厘米，当雄性趴在雌性背上的时候，看起来就像妈妈背着宝宝一样呢！

有"黑头粉刺"的蛙

棘胸蛙

在中国东南部的山林里,生活着一种中国特有的蛙——棘胸蛙。它的身形肥硕,体长可达十五厘米,是蛙家族中的大块头。它的皮肤很粗糙,上面长满了大小不一的疣,看起来就像是穿上了一件铠甲。它们的体色多变,有黄褐色、褐色和棕黑色等,身上还有许多黑褐色横纹,当它在河边发呆时,看起来就像一块石头,所以棘胸蛙也被称作"石蛙""石鸡"。而它们的正式中文名来源于,雄蛙的胸部有很多小疣,每个疣上都长着一枚小黑刺,这些刺就是"棘"。这些带着棘的疣看起来就像是脸上的黑头粉刺,这让棘胸蛙在蛙界里显得特别又可爱。

棘胸蛙喜欢在海拔六百米至一千五百米。有茂密树木的湿润山间溪水中生活。它是夜行性的蛙类,白天它喜欢躲藏在石穴或土洞里休息,到了夜晚,它就会蹲在岩石上,警惕地观察四周。棘胸蛙是捕食高手,会吃掉多种昆虫、溪蟹、蜈蚣和小蛙等。

然而,由于人们的过度捕捉,棘胸蛙的数量日渐减少,很多地方都难以见到它的身影。

所以,当你在山林间游玩时有幸遇到了棘胸蛙,请记得不要打扰它们的生活。让我们一起守护这些中国独有的大型蛙吧!

中文名	棘胸蛙
学 名	*Quasipaa spinosa*
无尾目	Anura
叉舌蛙科	Dicroglossidae
棘胸蛙属	*Quasipaa*

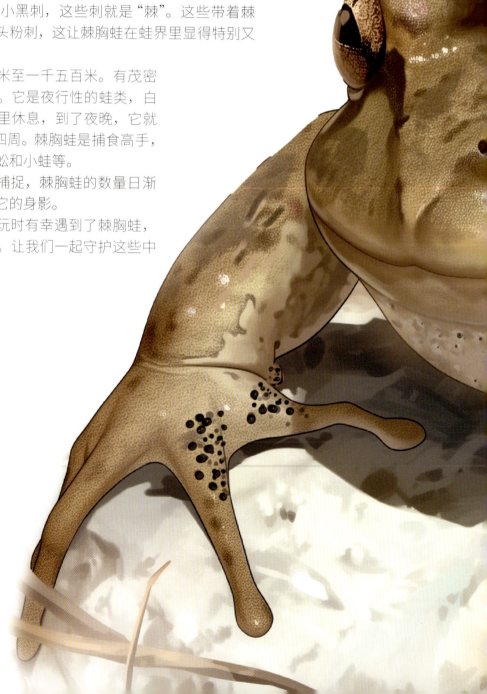

会游泳的"枯叶"

中文名	沼水蛙
学　名	*Hylarana guentheri*
无尾目	Anura
蛙　科	Ranidae
水蛙属	*Hylarana*

沼水蛙

在中国的南部，生活着一种常见的蛙——沼水蛙，人们也称它沼蛙。沼蛙身长大约七厘米，喜欢在水池和稻田里玩耍，因此得了个昵称"水狗"。沼蛙的栖息地为低海拔地区的平原、丘陵和山区，不仅在中国南部，连越南和老挝也能见到它的身影。沼蛙以各种昆虫为主食，偶尔也会尝尝蚯蚓、田螺和其他小蛙的味道。

沼蛙的皮肤非常光滑，背部有分散的小疣粒。它的体色变化不大，通常是淡棕色或灰棕色，有些还会有黑斑，看起来像一片枯黄的落叶。当沼蛙还是小蝌蚪的时候，它的身体宽扁，呈棕绿色，并且有许多斑点；尾巴是棕色的，斑点更多。这种颜色能让沼蛙的蝌蚪难以被发现。

在水中玩耍的雄蛙常常一呼一应地大声鸣叫，它们的鸣叫方式是一声一声的"咣""咣"声，非常响亮。以后在稻田或者水池边玩耍的时候，可以注意一下这样的声音，也许你就能看见一只棕色的沼蛙鼓着声囊鸣叫呢。

水中的"火龙"

中文名	东方蝾螈
学　名	*Cynops orientalis*
有尾目	Caudata
蝾螈科	Salamandridae
蝾螈属	*Cynops*

东方蝾螈

在山间清寒的水池中，常常生活着一种特别的两栖类动物，它们叫作蝾螈。和蛙类最大的区别是，蝾螈有一条长长的尾巴。在中国，我们最常见的就是东方蝾螈。它们的背上穿着黑色的外套，而腹部却是耀眼的朱红色，像火焰一样绚烂，上面还点缀着黑色的斑点。因为腹部的火红色，东方蝾螈被大家亲切地称为"中国火龙"。

东方蝾螈喜欢生活在低海拔地区水草丰茂的水域中，它们喜欢吃水中的昆虫、蚯蚓和其他小型动物。作为两栖类动物，蝾螈和蛙类有一些共同点，例如都在水里产卵，都可以在陆地上活动，幼体和成体都不太一样等。蝾螈在每年的三月到七月繁殖，它们会将微型荷包蛋一样的卵一粒一粒地产在水草上等待孵化。刚孵出的小东方蝾螈是棕黄色的，有三对外鳃，一对平衡枝，孵化一周后平衡枝消失。

虽然东方蝾螈看起来很可爱，但它们的皮肤会分泌一种叫作蝾螈素的毒素。这种毒素可能会导致惊厥和呼吸麻痹，非常危险。所以，如果在野外遇到了东方蝾螈，千万不可以随便捕捉它们。

小小的湿地 大大的能量

湿小鹤的自然观察笔记

⑤ 鸟·兽

钟玉兰 迟韵阳 主编

中国林业出版社
China Forestry Publishing House

目 录

鸟与兽是大自然中两大生动的生灵。鸟拥有绚丽的羽毛和清脆的鸣叫声，它们能在空中自由翱翔，部分种类还能迁徙数千公里。而兽类则大多生活在陆地上，形态各异，展现着惊人的适应力和生存智慧。鸟兽与其他动植物共同构成了地球上丰富多样的生态系统，彼此依存，共同演绎着生命的奇妙篇章。

本书参考了由世界鸟类学家联合会(IOU，The International Ornithologists' Union)发布的《IOC世界鸟类名录》和中国科学院动物研究所、中国科学院昆明动物研究所主持开发的"中国动物主题数据库"中的分类系统。

美丽的走地鸡——白鹇 …… 04
家鸭的本源——绿头鸭 …… 06
西方家鹅的本源——灰雁 …… 08
东方家鹅的本源——鸿雁 …… 10
口含黄豆之雁——豆雁 …… 12
冬季上演的《天鹅湖》——小天鹅 …… 14
威风又忠诚的猛禽——白肩雕 …… 16
不普通的小猎手——普通鵟 …… 18
鹰眼的秘密——黑鸢 …… 20
定格在空中的猎手——红隼 …… 22
东方送子鸟的奇妙旅程——东方白鹳 …… 24
临溪而居的隐者鸟——白鹭 …… 26
鱼儿的夜间杀手——夜鹭 …… 28
沼泽里的枯草团子——扇尾沙锥 …… 30
江西省的省鸟——白鹤 …… 32
鸟中仙人——灰鹤 …… 34
名为鸡的游泳健将——黑水鸡 …… 36
渔民的捕鱼助手——普通鸬鹚 …… 38

被吃到濒危的小鸟——黄胸鹀 …… 40
林中的"铁燕子"——黑卷尾 …… 42
不及林间自在啼——画眉 …… 44
雀中的小"猛禽"——棕背伯劳 …… 46
聪明反被聪明误——八哥 …… 48
跳"肚皮舞"的小鸟——白鹡鸰 …… 50
飞行的吉兆——喜鹊 …… 52
中国的黑鸟——乌鸫 …… 54
奇形怪状的喙——白琵鹭 …… 56
会"喂奶"的鸟——珠颈斑鸠 …… 58
潜水小健将——小䴙䴘 …… 60
关于刺猬的真相——东北刺猬 …… 62
被推为大仙的动物——黄鼬 …… 64
恼人的小邻居——褐家鼠 …… 66
家猪的本源——野猪 …… 68
能挖山的"神兽"——中华穿山甲 …… 70
重返神州大地的"神兽"——麋鹿 …… 72
长江的"微笑天使"——长江江豚 …… 74

脊索动物门·鸟纲

美丽的走地鸡

中文名	白鹇
学　名	*Lophura nycthemera*
鸡形目	Galliformes
雉　科	Phasianidae
鹇　属	*Lophura*

白鹇

国家二级保护野生动物

　　白鹇，就像它的名字一样，拥有雪白的羽毛。雄性的白鹇特别漂亮，有长长的白色尾巴，翅膀上有黑色的花纹，还有蓝灰色的羽冠和腹部，以及红色的眼睛和嘴，好像穿着一套华丽的礼服。而雌性的白鹇则比较朴素，全身呈橄榄褐色，看起来很低调。

　　白鹇是一种陆禽，喜欢在地面生活，只在晚上飞到树上睡觉。它们不善于飞行，但是后肢强壮，适合走路和刨土。它们喜欢吃各种植物和小昆虫。植物的球根、嫩叶、花朵和果实，蝗虫、蚯蚓和毛毛虫都在它们的食谱上。

　　白鹇奉行"一夫多妻制"，等级关系非常严格。到了冬天，它们会聚在一起，形成一个小群体。在这个群体中，有一个首领，是由武力竞争胜出的雄鸟担任的。首领负责统率着若干成年雌鸟、不太强壮或年龄不大的雄鸟以及幼鸟。

　　春天是白鹇繁殖的季节，这个时候它们会重新分群。在这个季节里，白鹇的领地意识非常强，极具攻击性。雄性白鹇会激烈地打斗，来展示自己的力量和魅力，而雌性则在一旁观望，等待冠军的产生。

　　白鹇会在灌木丛中的地面凹陷处用草和树叶堆一个巢，一次下四枚至六枚卵。雌性负责孵卵，经过二十四天至二十五天后，白鹇小宝宝就孵出来啦。而且，白鹇是早成鸟，孵出来当天就能跟着爸爸、妈妈在山上跑了。

家鸭的本源

绿头鸭

　　家鸭是最常见的家禽之一，但你知道家鸭在遇到人类之前是什么样的吗？原来，家鸭是从绿头鸭驯化过来的。现在在全世界很多地方都能遇见这种动物，全世界大约有四亿只。也许在你家附近的公园里，就能见到这样的鸭子呢。

　　雄性绿头鸭的头部闪耀着墨绿色的光泽，就像一块绿色的天鹅绒。它的喙是明亮的黄色，胸部是温暖的棕色，脖子上还环绕着一圈洁白无瑕的羽毛，好像戴了一条银项链。而雌鸭与雄鸭长得不太一样，雌鸭的喙是灰黑色，身体则是浅浅的亚麻色，布满了棕色的花纹。当绿头鸭展开翅膀的时候，你可以看到一个蓝紫色的矩形区域，周围还有黑色和白色的边框，这个部分又被称为翼镜。不同的鸭类有不同颜色和形态的翼镜。

　　绿头鸭通常在各种淡水湿地活动，是一种典型的游禽。它们向前的三个脚趾间有蹼（pǔ），可以帮助它们在水中自由地游动。它们很少潜水，游泳时总是把尾巴露出水面。它们把头埋在水里觅食的时候，屁股会高高地翘起来。

　　绿头鸭十分爱干净，经常在水中和陆地上梳理自己羽毛，看起来总是那么整洁漂亮。它们的尾部有一个能分泌油脂的腺体，叫作尾脂腺，绿头鸭梳理羽毛的时候会将这里分泌的油脂擦到羽毛上，增强羽毛的防水效果。它们睡觉或休息的时候，会互相照看，确保安全。它们的主食是植物，但也吃一些无脊椎动物和甲壳动物来补充营养。

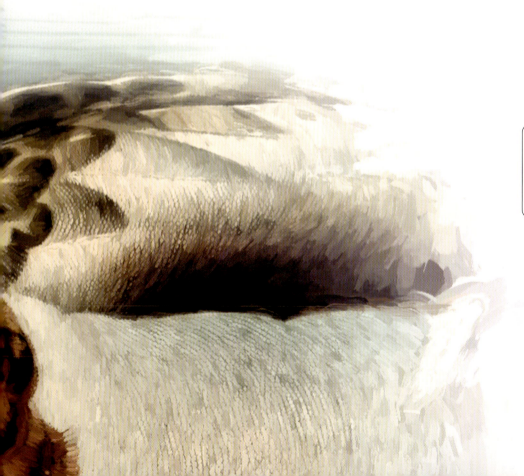

中文名	绿头鸭
学　名	*Anas platyrhynchos*
雁形目	Anseriformes
鸭　科	Anatidae
鸭　属	*Anas*

中文名	灰雁
学　名	*Anser anser*
雁形目	Anseriformes
鸭　科	Anatidae
雁　属	*Anser*

西方家鹅的本源

灰雁

秋季来临，我们仰望天空时，有时可见大雁排成"一"字形或者"人"字形从头上飞过。这些大雁有可能就是灰雁。欧洲等地饲养的家鹅就是从灰雁驯化而来的。灰雁的嘴是粉红色的，仔细观察会发现嘴呈扁平状，还有锯齿状的边缘，这样可以帮助它们撕裂食物。它们的身体大部分为黑褐色，只有飞羽的翼缘是白色的。这样的搭配可以让它们在芦苇丛中很好地隐藏自己。

灰雁常常会组成家族群，或者由几个家族组成小群一起觅食。它们主要以植物为食，喜欢吃薹草，偶尔也会"开荤"吃点小鱼、小虾。雁群觅食的时候，会有几只侦察的大雁，挨着饿时时刻刻注视周围的环境，提防潜在的危险，让其他的大雁可以安安心心"干饭"。

灰雁有一种很特别的飞行姿态，叫作"仰飞"。这是灰雁在进化过程中出现的一种独特的飞翔本领，主要目的就是为了抵御暴风。在暴风雨中，仰面朝上的飞行能帮助它们保持平衡，同时减少升力和降落速度，让它们更平稳地落地。

灰雁是典型的候鸟，秋季飞到我国南方越冬，翌年三月至四月会回到我国北方至蒙古、俄罗斯、欧洲等地繁殖。它们实行一夫一妻制，雌雄双方共同参与雏鸟的养育工作。所以，大雁被认为是忠贞的鸟。

脊索动物门·鸟纲

东方家鹅的本源

鸿雁

中文名	鸿雁
学　名	*Anser cygnoides*
雁形目	Anseriformes
鸭　科	Anatidae
雁　属	*Anser*

国家二级保护野生动物

"鸿雁"是中国传统文化中最古老的意象之一，早在先秦时期的《诗经·小雅》中咏唱"鸿雁于飞，肃肃其羽"的词句。每年秋冬季节，鸿雁会从内蒙古的东北部及黑龙江一带飞到长江下游及浙江的沿海区域过冬。这些地方离古代的文化中心很近，所以古人经常能看到鸿雁。大概因为这个原因，鸿雁在中国传统文化中占有很重要的地位。它们以传书使者的形象频繁地出现在文人墨客的诗作中，寄托人们的离愁别绪及渴望音讯畅通的无限遐想。

鸿雁的体形相当大，体长约九十厘米，就像一个小型滑翔机。它脖子颜色很有特点，前颈为白色，后颈为黑色，黑白两色分明，反差强烈。而且，它们是中国家鹅的本源，我国驯化鸿雁已经有大约三千年的历史了，那些脑袋前面有一个大瘤子的家鹅，就是由鸿雁慢慢驯化而来的。家鹅体大肉多，叫声洪亮且机警，不仅可以为我们提供食物和羽绒，还可以用来看家护院。

为了躲避天敌，鸿雁总是把巢穴建在被芦苇掩护的湖中小岛或岸边。它们还会仔细地考虑芦苇的密度，既要让芦苇遮挡自己避免被天敌发现，又不能影响自己的警戒视线。在巢穴靠近水边的一侧，鸿雁会踩出一条通道，这样平常出去觅食就方便多了，遇到紧急情况也能快速逃生。

中文名	豆雁
学　名	*Anser fabalis*
雁形目	Anseriformes
鸭　科	Anatidae
雁　属	*Anser*

口含黄豆之雁

豆雁

　　除了"忠贞"灰雁和"守信"鸿雁，中国还有一种常见的大型雁类。它们的模样同样端庄，有着和其他大雁一样的扁平喙。它们的喙是黑色，但有一条黄色的斑块，侧面看就像嘴里衔着一颗"黄豆"，所以它们叫豆雁。

　　豆雁每年秋季开始迁徙，在我国越冬。冬天，它们喜欢集群活动，飞行的时候，会排成整齐的队伍，如"一"字形、"人"字形。雁群在高空飞行时，常由一只富有经验的老雄雁带头。队式变化与飞行方向的转换，可能与领头者的动作有联系。比如，领头者突然加速飞行，队形可能由"一"字形开始变为"人"字形；领头者减速飞行，队形可能由"人"字形变为"一"字形。

　　豆雁喜欢集群行动，一起在湿地附近吃植物的嫩叶幼芽，有时也吃一些软体动物、水生植物及其块茎。在睡觉时，它们会将头埋在翅膀下，同时往往会有一些老雁进行守卫。守卫会伸长脖子四处张望，一旦情况不对就发出警报，雁群立刻起飞。

　　在阅读关于鸟类知识的时候，你可能听过一些其他的词汇，例如冬候鸟、夏候鸟、旅鸟和迷鸟。这些词是什么意思呢？原来，这四个概念必须与地区相结合来理解。以豆雁为例，一只豆雁夏季在俄罗斯的西伯利亚繁殖，冬季在江西鄱阳湖过冬，迁徙途经内蒙古。那么就可以说豆雁是西伯利亚的夏候鸟，是江西的冬候鸟，是内蒙古的旅鸟。如果一只豆雁迷路或者被飓风吹到了北美，被迫在陌生的地区生活一段时间，那么它就是北美地区的迷鸟。

冬季上演的《天鹅湖》

中文名	小天鹅
学　名	*Cygnus columbianus*
雁形目	Anseriformes
鸭　科	Anatidae
天鹅属	*Cygnus*

小天鹅

国家二级保护野生动物

　　天鹅美丽优雅，是最受人喜爱的一种鸟类。俄罗斯作曲家柴可夫斯基创作的芭蕾舞剧《天鹅湖》着重体现了天鹅的优雅、可爱和力量，是舞剧中的经典之作。而在我国有许多的天鹅越冬地，每年都会有许多天鹅远道而来，在这里上演一场现场版的《天鹅湖》。

　　我国主要有三种天鹅，即大天鹅、疣鼻天鹅和小天鹅，它们都是国家二级保护野生动物。而冬季在长江中下游见到的天鹅，则主要是小天鹅。

　　小天鹅没有疣鼻天鹅位于前额的突起，与大天鹅相比，小天鹅的体形明显较小，颈和嘴也相对较短。最明显的是，小天鹅嘴上的黑斑大、黄斑小，黄斑不延伸到鼻孔之下；而大天鹅嘴上的黄斑大，其黄色部分超过了鼻孔的位置。大天鹅主要在黄河流域分布，而小天鹅主要在长江中下游地区越冬。鄱阳湖就是小天鹅在我国最大的一个越冬地。

　　小天鹅的英文名为Tundra Swan，直译为苔原天鹅，指的是小天鹅的主要繁殖地为西伯利亚苔原。每年的六至七月，是小天鹅的繁殖期，小天鹅夫妻会选择一个僻静的草丛，用枝叶和泥土筑起温馨的巢穴。不久后，两到五枚可爱的卵便会诞生。雌性小天鹅会承担起孵卵的责任，而雄性则负责觅食，它们主要以水生植物的根茎和种子为食，偶尔也会品尝一些水生昆虫、螺和小鱼。大约三十天后，小宝宝便会在亲情的呼唤中破壳而出。

　　小天鹅宝宝刚出生时是浅灰褐色的，还有黑色的喙，不像小鸭子那样有明快的黄色羽毛，个头也比小鸭子大一圈，但它们依然是非常可爱的毛茸茸的小团子。大约四十天后，小天鹅宝宝就会长大，换上雪白的羽毛，可以展翅高飞。

威风又忠诚的猛禽

白肩雕

国家一级保护野生动物

猛禽是鸟的六大生态类群之一,包括鹰、隼、雕等鸟类,它们往往拥有强大的力量和锐利的"武器",是鸟类中数一数二的强者。白肩雕就是一种非常帅气的猛禽,它的羽毛黑褐色,顺滑又光亮;肩膀上长着白羽,像带着肩章,非常醒目。

白肩雕拥有强力而尖锐的爪和喙,这是为了捕猎而进化出的"装备"。它们捕猎的时候除了在树上或地上等待猎物然后突然袭击外,还常在开阔的地方高空飞行巡猎。它们喜欢取食鼠类、兔子等小型哺乳动物,还会狩猎斑鸠、野鸭等鸟类,它也吃一些动物的尸体,是大自然中非常重要的捕食者和分解者。

白肩雕是一夫一妻制的鸟,每年四月至六月是白肩雕的繁殖期,这个时候它们会开始建巢。它们会选择在大树或悬崖边上筑巢,建材也很讲究,一般使用枯树枝和细枝、兽毛、枯草茎和草叶等材料来建造巢穴。巢穴宽度往往能有一米以上,非常大。多年的白肩雕夫妻通常会将前一年用过的巢修一修,一个巢可以使用很多年。

雌性白肩雕会在巢穴里产下二枚至三枚卵,第一枚卵产出后就开始孵化。孵化期间,白肩雕父母会轮流进行孵卵工作,直到小鸟宝宝出生。鸟宝宝出生后,白肩雕妈妈会留在巢里给鸟宝宝喂食、清理粪便和照顾它们的日常需求,而爸爸则会负责捕猎。小宝宝们在巢穴里度过了五十五天至六十天的时间后才会离开巢穴,独立生活并构建新的家庭。

中文名	白肩雕
学 名	*Aquila heliaca*
鹰形目	Accipitriformes
鹰 科	Accipitridae
雕 属	*Aquila*

脊索动物门·鸟纲

不普通的小猎手

普通鵟

国家二级保护野生动物

在开阔的平原上,常常有猛禽盘旋翱翔,如果它翱翔时两翅微向上举成浅"V"字形,翅膀末端还有五根"手指",那么这只鸟可能是普通鵟。普通鵟(kuáng)的体长有四十二厘米至四十五厘米,体色变化大,背部是暗褐色,腹部则可能是不同深浅的褐色。普通鵟的体色多变,会有浅色型、棕色型、暗色型多种羽色,一般与年龄与分布地域有关,通常年龄越大羽色越深。

普通鵟是个厉害的猎手,它们会在高空中盘旋翱翔,通过锐利的眼睛搜寻猎物,一旦发现猎物,会突然快速俯冲而下,抓捕猎物。除了鼠类,也会捕捉蛇、蛙、野兔等动物,有时还会捕食村庄的鸡。每年冬天,普通鵟会飞到长江以南的地区越冬,这时中国南部的鸟类爱好者就能一睹它们矫健的身姿。

普通鵟并不是真的"普通",只是因为它们被发现得比较早,形态大小又比较有代表性,所以名字前加了"普通"二字。作为一种捕食者,它们获取食物的困难程度要比很多鸟类大,所以本身数量就很少。加上环境污染、栖息地破坏和偷猎者对它们的伤害,导致它们的数量进一步下降。为了更好地保护它们,人们将它们列为国家二级保护野生动物,不可随意伤害和饲养。

中文名	普通鵟
学 名	*Buteo japonicus*
鹰形目	Accipitriformes
鹰 科	Accipitridae
鵟 属	*Buteo*

鹰眼的秘密

黑鸢　　　　　　　　　　　　　　　国家二级保护野生动物

如果要选一种天空中的王者，那么鹰类一定是有力的竞争者。有种鹰类叫黑鸢（yuān），它的身体是暗褐色的，看起来非常神秘。它飞行的时候尾巴像折扇一样展开，左右转动维持平衡，与其他鹰类不一样，它们的尾巴张开像鱼尾。

黑鸢喜欢栖息在开阔的乡村、城镇及村庄里，它们也会在柱子、电线、建筑物或地面上停留。当它们在空中飞翔时，锐利的目光会发现地面的猎物。一旦发现目标，它们会迅速俯冲下去，用锋利的爪子抓住猎物。

鹰类的眼睛非常神奇，它们可以在高空中清晰地看见地面的猎物。这都要归功于鹰类眼睛独特的生理结构。脊椎动物的眼睛里面有两种感光细胞——视锥细胞和视杆细胞。视锥细胞负责辨别颜色和细节，而视杆细胞则负责感知亮度和运动。在我们的眼睛里，大约有一亿个视杆细胞和六百万个视锥细胞，但是鹰类的眼睛里，却有大约十亿个视杆细胞和一亿个视锥细胞！这意味着它们的眼睛比我们的眼睛有更多、更密集的感光细胞，可以接收到更清晰、更精确的图像信息。

而且，鹰类的眼睛晶状体比人类的更有弹性，可以迅速切换对焦距离。当鹰类从空中俯冲下来时，它的眼睛可以持续锁定猎物，确保不会错过任何一次捕猎的机会。

中文名	黑鸢
学　名	*Milvus migrans*
鹰形目	Accipitriformes
鹰　科	Accipitridae
鸢　属	*Milvus*

定格在空中的猎手

红隼

国家二级保护野生动物

我们知道,鸟儿要停留在空中,必须不停地前进或者拍打翅膀。但有时你也可以看见一只鸟在空中几乎固定不动。这是怎么回事呢?难道说那是一个风筝,或者是一个鸟形的无人机?

原来,那可能是红隼在捕猎。红隼有一个绝活,可以通过振翅在逆风中稳定地悬停,就像风筝一样。它以这种姿势寻找猎物,一旦锁定目标,就会收拢翅膀,像箭一样俯冲下去,将猎物收入囊中。

红隼有着醒目的红褐色羽毛和尖锐的翅膀。雌雄鸟具有不同的特点,雄鸟的头顶、后颈和背部的羽毛是蓝灰色,而雌鸟则是棕红色。红隼飞行时,翅膀末端是三角形的,不像很多鹰一样飞羽根根分明。

红隼是非常勇猛的鸟类,它们通常单独或成对行动,常常栖息在山地和旷野中,飞行速度快,捕捉猎物非常敏捷,能够迅速发现地面上活动的啮齿类、小型鸟类及昆虫。

红隼在全球范围内都有分布,从阿尔及利亚到加拿大,从格陵兰到巴西。在中国,红隼分布广泛,从黑龙江到海南岛,从西藏到山东,都可以看到它们的身影。

虽然红隼非常强大,但是它们也面临着生存的威胁。如果红隼吃掉了被污染物毒死的小动物它也可能会死。此外,还有一些偷猎者非法捕捉红隼来饲养或者售卖,导致红隼的数量一度下降。因此,我们要知法守法,不随便乱扔垃圾,也要抵制非法买卖野生动物的行为。

中文名	红隼
学 名	*Falco tinnunculus*
隼形目	Falconiformes
隼 科	Falconidae
隼 属	*Falco*

脊索动物门·鸟纲

中文名	东方白鹳
学　名	*Ciconia boyciana*
鹳形目	Ciconiiformes
鹳　科	Ciconiidae
鹳　属	*Ciconia*

东方送子鸟的奇妙旅程

东方白鹳　　　　　　　　　　国家一级保护野生动物

　　在冬季南方的湖中，常常会迎来一群美丽的访客——东方白鹳。它们有着长长的腿和翅膀，身体黑白分明，看起来优雅又神秘。

　　东方白鹳的身体是白色的，就像被雪覆盖的山峰。而它们的黑色喙和翅上的飞羽，更是让它们在蓝天中独树一帜。这种美丽的鸟是国家一级保护野生动物，也被世界自然保护联盟（IUCN）评估为"濒危"。

　　每年的十月下旬，中国东北部的东方白鹳会开始它们的迁徙之旅。它们会沿着河流、湖泊或者海洋飞行，最终到达温暖的鄱阳湖一带的湿地。在越冬地，东方白鹳会停留两个月左右，享受温暖的阳光和舒适的环境。然后，在次年的二月上旬或中旬，它们会再次启程返回繁殖地。

　　就像它们的名字一样，东方白鹳多分布在欧亚大陆的东部，它们和欧洲白鹳最大的区别是东方白鹳的喙是黑色的，而欧洲白鹳的嘴是红色的。在欧洲的文化中，白鹳是春天的使者，代表着新生和幸福，人们认为它们在屋顶筑巢，住在那里的人们就会迎来新的生命，所以人们又叫白鹳为"送子鸟"。东方白鹳和白鹳不同，不喜欢和人类生活在一起，它们非常机敏，一旦受到干扰就会立刻进入警戒状态。但这并没有减少人们对东方白鹳的喜爱之情，每当东方白鹳来到南方过冬的时候，常常有许多的鸟类爱好者不远万里跑来观察它们，欣赏它们的美丽。

中文名	白鹭
学　名	*Egretta garzetta*
鹈形目	Pelecaniformes
鹭　科	Ardeidae
白鹭属	*Egretta*

临溪而居的隐者鸟

白鹭

　　白鹭，可以是白色的鹭的总称，常见的包括大白鹭、中白鹭、白鹭（即小白鹭）等，也可以单指学名为 *Egretta garzetta* 的白鹭。白鹭是一种优雅而常见的鸟类，深受人们的喜爱。它们主要分布在中国的南部，到了冬天，部分白鹭还会飞到热带地区过冬。

　　早在先秦时期，古人就开始描述和记载白鹭了。古往今来，也有很多美丽的诗词赞美白鹭，比如那首著名的绝句："两个黄鹂鸣翠柳，一行白鹭上青天"。在中国文化中，白鹭被认为是淡泊名利的隐者，是清高的鸟儿。

　　白鹭是典型的涉禽，有着细长的腿和嘴巴。它们常常在水中优雅地漫步，或者安静地站在水边等待鱼儿路过。白鹭最喜欢吃各种小鱼，但偶尔也会尝尝水中的两栖动物、爬虫、哺乳动物和甲壳动物。它们甚至会用诱饵来捕鱼，把食物放在水面上，等小鱼来吃的时候迅速捉住。

　　每到繁殖季节，白鹭会长出特别的繁殖羽。它们的后脑勺会长出两根细长的羽毛，像两根鞭子一样。胸前也会生出更长更蓬松的羽毛，背上还会出现卷曲的蓑羽，看起来就像穿着婚纱一样美丽。

中文名	夜鹭
学 名	*Nycticorax nycticorax*
鹈形目	Pelecaniformes
鹭 科	Ardeidae
夜鹭属	*Nycticorax*

鱼儿的夜间杀手

夜鹭

　　在美丽的湖畔，你会看到一种特别的水鸟。它总是缩着脖子，安静地蹲在湖边的树枝或石头上，一动也不动，好像在打坐一样，这就是夜鹭。它们很常见又不爱动，是鸟类爱好者练习观察的好对象。

　　夜鹭与白鹭不同，夜鹭的脖子没有白鹭那么细长，颜色也不是纯白色的。成年夜鹭的头顶和后背是黑色的，后脑勺有两到三根像细丝一样的白色长羽毛，脸和腹部是白色的，翅膀和尾巴是灰色的，还有橘红色的眼睛。未成年夜鹭更特别，它们的羽毛是棕色的，有黑褐色和白色的条纹和斑点，眼睛是黄色的，它们看起来就像一堆枯草，这样可能让它们不容易被捕食者发现。

　　夜鹭喜欢在夜间活动，它们会吃鱼和其他水中的小动物。它们会在空中搜寻猎物，然后像炮弹一样猛扎入水中，迅速捕捉猎物。在繁殖季节，它们会在离水近的大树顶上建巢。而且，夜鹭喜欢群居，有时一棵大树上会有好几个家庭，十几只大大小小的夜鹭挤在一起，非常热闹。

　　关于夜鹭还有一个有趣的故事呢！在日本的一个动物园里，养了一群企鹅。有一只夜鹭竟然混在企鹅群里抢小鱼吃。因为夜鹭缩着脖子和腿，看起来和企鹅有点像，所以它在企鹅群里混很久也没有被人发现，结果企鹅都饿瘦了。

沼泽里的枯草团子

扇尾沙锥

在沼泽地中，住着一种行踪诡秘的小鸟，它的名字叫扇尾沙锥。扇尾沙锥头上和背上有很多褐色的条纹，看起来像一团枯草，趴在地上很难被发现。

扇尾沙锥的喙细长而笔直，觅食的时候，喙就像探针一样，深深地插入泥土，搜寻土里的小虫子和其他小动物。一旦找到美味的食物，就会像镊子一样把食物从土里掏出来。扇尾沙锥喜欢吃小螺、蚯蚓、昆虫、植物种子和叶片等食物。

居住地的扇尾沙锥不爱飞行，常常飞几圈就落下，但其实它们也是能迁徙的候鸟。在每年的四月至八月，扇尾沙锥会在我国东北和西北的天山地区或者更北边的地方进行繁殖。而在冬天则会飞越大半个中国，在西藏南部、云南及长江以南越冬。

在繁殖季节，雄性扇尾沙锥会展开尾部的羽毛，在雌性面前炫耀。扇尾沙锥夫妻会在沼泽草丛中筑巢，下出带斑点的褐绿色鸟蛋。

对于人类来说，剪剪头发、换个发型是很普通的事，但是对动物来说，毛的数量和形状可是鉴定种类的重要依据哦！扇尾沙锥和它的近亲针尾沙锥十分相似，只有仔细观察尾羽的数量和形状才能区别。扇尾沙锥有十二枚至十四枚尾羽，而针尾沙锥有二十六枚尾羽，其中两侧的八枚尾羽细短而硬，像针一样。

中文名	扇尾沙锥
学　名	*Gallinago gallinago*
鸻形目	Charadriiformes
丘鹬科	Scolopacidae
沙锥属	*Gallinago*

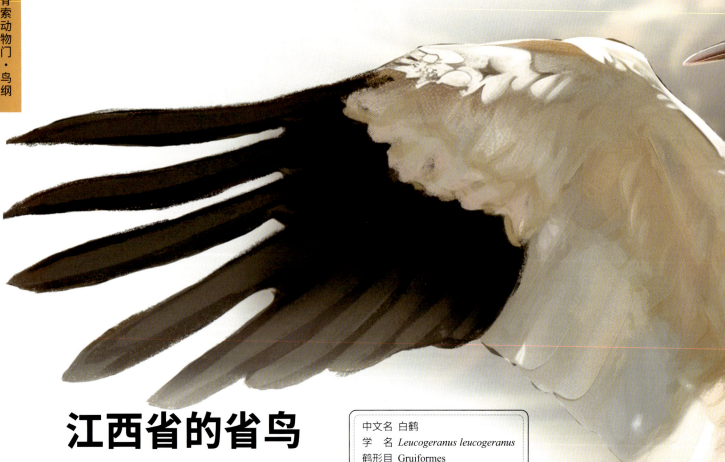

江西省的省鸟

中文名	白鹤
学　名	*Leucogeranus leucogeranus*
鹤形目	Gruiformes
鹤　科	Gruidae
白鹤属	*Leucogeranus*

白鹤

国家一级保护野生动物

中国有三十四个省级行政区，每个地方都有自己的特色和代表物，有些地方还评选了官方"吉祥物"。江西省的省鸟正是白鹤。

白鹤体形修长，有着细长的腿和脖子，当它们挺拔地站立或者优雅地踱步时，似乎全身雪白，但当它们展翅飞行的时候，你会发现它们的翅膀末端是黑色的。最有趣的是，白鹤眼睛附近没有羽毛，露出红色的皮肤，嘴巴也是红色的，看起来特别醒目。

白鹤喜欢在开阔平原的沼泽草地、苔原沼泽、浅水沼泽地带生活，它们主要吃植物的球茎及嫩根，有时候也会吃一些水里的小动物。白鹤一般每年生两个蛋，爸爸、妈妈会轮流孵蛋，但是一般一年只能养活一只幼鹤。等到小白鹤出生后大概三个月，小白鹤就可以跟着爸爸妈妈一起飞翔啦！

之前认为白鹤有三个种群，分别为西部种群、中部种群和东部种群，越冬种群98%集中在东部种群。白鹤也是一种候鸟，东部种群的白鹤在西伯利亚东部繁殖，到了冬天，就会飞到我国的南方地区越冬，其中，最大的越冬地为鄱阳湖。野生的白鹤可以活六十年，用它来象征长寿真是名副其实。

然而，由于栖息地破坏、环境改变和自然灾害，白鹤的数量已经很少了，现在白鹤被列入的国家一级保护野生动物。希望在多年以后，我们仍能看到这样美丽的鸟儿。

中文名	灰鹤
学 名	*Grus grus*
鹤形目	Gruiformes
鹤 科	Gruidae
鹤 属	*Grus*

鸟中仙人

灰鹤

国家二级保护野生动物

在中国文化中，鹤象征着仙道、长寿。可能是因为鹤灰白色的毛和稳重、端庄的姿态，让人们觉得它像一个头发灰白但身姿挺拔的仙人。在古人的心中，鹤具有神秘的象征，仙风道骨，谓之"仙鹤"。

在我国分布的鹤中，灰鹤是数量最多、分布最广的一种，灰鹤的羽毛大部分是灰色，它们的头、前颈是黑色的，眼后为白色，它们还与丹顶鹤一样，头顶有一块红色的丹顶，就像戴着一块小红帽。

像鹤这样的大型涉禽，后爪比较小，它们不能像麻雀那样用脚爪紧握树枝、栖息在树上。不过这并没有关系，因为灰鹤并不需要栖息在树上。灰鹤喜欢栖息在开阔的地方，比如平原、草地、沼泽、河滩和湖泊，它们尤其偏爱那些水边植物茂盛的开阔湖泊和沼泽地带。它们以家庭为单位生活，一般为两大一小或一大一小集体活动，体形最大的成年雄鹤多担负警卫任务。

到了繁殖季节，灰鹤会跳起求偶舞。两只或以上的灰鹤会互相跳舞，先把身体呈鞠躬状，头和脖子垂下，但嘴指向天空。这样的鞠躬动作做个三五次后，会突然挺起身子、伸展翅膀。如果两只灰鹤彼此相中了，就会一起做同样的动作，舞姿像倒影一般整齐，边舞蹈边鸣叫。这样的场景美妙绝伦，真是"起舞弄清影，何似在人间"。

中文名	黑水鸡
学 名	*Gallinula chloropus*
鹤形目	Gruiformes
秧鸡科	Rallidae
水鸡属	*Gallinula*

名为鸡的游泳健将

黑水鸡

我们都知道，鸡不会游泳，如果一只鸡不小心掉到水里，就会变成"落汤鸡"。但是有这样一种小鸟，它们的名字里有"鸡"，游泳能力却不逊于鸭鹅。

在公园的池塘或者野外的湖泊中，常常看见一种半大鸡仔大小的黑色水鸟，它们漆黑的羽毛和红色的喙形成对比鲜明，令人过目不忘，这就是黑水鸡。黑水鸡的脚爪长长的，几乎有它身体一半那么长。这双特别的脚爪可以分散它的体重，让它在浮叶上如履平地，来去自如。

黑水鸡并不擅长飞行。每次起飞前，它都需要在水中助跑一段距离，然后用力扇动翅膀，才能飞向天空。但相对的，它们拥有极强的潜水能力。如果遇到危险，黑水鸡会迅速钻入水中，一下子就游出十多米远，然后从另一个地方浮出来。它的脚爪上也有蹼（pǔ），不过和鸭子相比，黑水鸡的蹼要小一些，只在脚趾根处有一点，这种脚叫作半蹼足。半蹼足踩水的能力没有蹼足强，所以黑水鸡在水下还要扇动翅膀才能游动。

每年的四月至七月，黑水鸡会在浅水草丛中筑巢下蛋。刚孵出来的小黑水鸡是黑色的，然后会变成灰白色的亚成鸟。最后，它们会换上黑色的羽毛，成为真正的"黑"水鸡。

中文名	普通鸬鹚
学　名	*Phalacrocorax carbo*
鲣鸟目	Suliformes
鸬鹚科	Phalacrocoracidae
鸬鹚属	*Phalacrocorax*

渔民的捕鱼助手

普通鸬鹚

我们知道，猎犬是猎人的助手，可以帮忙抓住猎物。而在中国南方的水域，也有一种可以帮忙捕鱼的鸟，和渔民们合作了千年，这种鸟叫作普通鸬鹚。

渔民在饲养的鸬鹚脖子上套上一个环，这样它抓到鱼后就会乖乖地飞回船上，把鱼吐出来。现在，随着渔业的发展，我们已经有了其他捕鱼工具，渔民与鸬鹚的合作也成为罕见的生产方式。

普通鸬鹚全身黑油油的，翅膀和两肩闪着青铜色的光芒，就像穿着一套帅气的黑色铠甲。在繁殖季节，它的头、羽冠和脖子会长出一些白色的斑纹，就像化了妆。

普通鸬鹚有很多俗名，例如鱼鹰、黑鱼郎，因为它的潜水本领实在太强了。它能在水下憋气半分钟，一溜烟儿地潜到一米至三米深的地方，为了追捕猎物，甚至能潜到水下十米呢！它有一双特别的爪子，四个脚趾之间都有蹼，而不像鸭子一样只有前三个脚趾有蹼，这让它游得更快。它还有一个弯弯的喙，末端就像一个小钩子，可以帮助它抓住滑溜溜的鱼儿。

普通鸬鹚的羽毛不像鸭子一样防水，它们在潜水之后需要把翅膀晾干才能飞。因此常常可以看见鱼鹰在水边展开翅膀晒太阳。在许多地方，我们可以看见一种奇观——"鸬鹚树"，一棵树上有几十只鸬鹚在休息，而树也被鸬鹚的粪便给染白了。

脊索动物门·鸟纲

被吃到濒危的小鸟

黄胸鹀　　　　　国家一级保护野生动物

　　有一种坚强的小鸟,它们体形小巧,却能飞过数千千米的旅途,这就是黄胸鹀(wú)。黄胸鹀和麻雀差不多大。夏天的时候,黄胸鹀会在欧洲、俄罗斯以及中国的北部忙碌地筑巢、繁育后代。但当冬天来临,它会和大雁一样,开始漫长的迁徙之旅,飞往中国的南部和中南亚地区度过冬天。

　　黄胸鹀的繁殖季节是五月至七月,这时候它会选择茂盛的草丛和灌丛作为筑巢的地方。它的巢像一个精致的碗,为新生的宝宝提供温暖和安全。黄胸鹀一年只繁殖一窝,每窝有三枚至六枚可爱的卵,父母会一起照顾宝宝,直到它们学会飞翔。

　　曾经黄胸鹀的数量极为丰富,到处都能见到它们,但有些人错误地认为黄胸鹀肉味鲜美且有特别的滋补功能。于是,人们开始大量捕捉黄胸鹀来食用。短短数年,黄胸鹀的数量急速下降。如今,黄胸鹀被世界自然保护联盟(IUCN)列为极危物种。如果继续这样下去,很快黄胸鹀就要灭绝了。为了更好地保护它们,黄胸鹀被列为国家一级保护野生动物。

　　随意捕捉野生动物食用,不仅破坏环境,而且容易感染野生动物体内的寄生虫和病菌,是非常危险的行为。为了生态的平衡和自身的健康,我们要坚决抵制捕食野生动物的行为。

中文名	黄胸鹀
学　名	*Emberiza aureola*
雀形目	Passeriformes
鹀　科	Emberizidae
鹀　属	*Emberiza*

脊索动物门·鸟纲

林中的"铁燕子"

黑卷尾

在开阔的林地中,常常看见一只黑鸟停在枝头,像国王一样俯瞰它的领地,这就是黑卷尾。它的羽毛乌黑发亮,闪耀着蓝色的金属光泽,它的尾巴向左右两边弯曲分叉,就像燕子一样。因为这身特别的装扮,黑卷尾还有一个特别的名字——"铁燕子"。

黑卷尾分布得非常广,在我国从北方的黑龙江到南方的海南岛,从东边的台湾岛到西边的西藏自治区,都有它的身影。它特别喜欢在村庄附近和广大农村生活,尤爱在高大的树上筑巢。巢穴是用高粱秆、草穗等柔软的材料,编织成浅浅的杯状。黑卷尾就在这样的巢穴里下蛋繁殖。

黑卷尾非常重视自己的家和领地。只有在自己的巢附近方圆一百米左右的范围内觅食。如果有其他鸟类不小心闯入了它的领地,它会非常霸气地把它们赶走,保护自己的家和食物,甚至其他大型的猛禽也会被它们赶走。

黑卷尾最喜欢吃各种昆虫和它们的幼虫。黑卷尾非常善于飞行,可以灵活地上下翻腾,滑翔急弯,以此追逐飞行的昆虫。或者停在高处观察下方,一旦发现目标,就立刻俯冲下去抓住虫子,然后迅速飞向高处。这种"U"字形的飞行方式是黑卷尾特有的技巧,也是它捕捉猎物的绝活儿。

中文名	黑卷尾
学　名	*Dicrurus macrocercus*
雀形目	Passeriformes
卷尾科	Dicruridae
卷尾属	*Dicrurus*

中文名	画眉
学　名	*Garrulax canorus*
雀形目	Passeriformes
噪鹛科	Leiothrichidae
噪鹛属	*Garrulax*

不及林间自在啼

画眉

国家二级保护野生动物

　　在山林里，住着一位优秀的歌唱家，它的名字叫画眉。画眉的羽毛是温暖的棕褐色，背上还有黑褐色的条纹，好像话梅糖一样。更特别的是，它的眼睛四周有一圈白色，还向后脑勺延伸了一段，看起来好像画了一条长长的白色眉毛。

　　虽然画眉的样子很朴素，但它却有一副天生的好嗓子。它的歌声悠扬婉转，悦耳动听。而且，它还会模仿其他鸟类的叫声，甚至唱出美妙的小曲。正是因为这样，画眉受到了人们的喜爱。

　　可是，有些人却把画眉关在了笼子里。他们想多听画眉的叫声，并且以为关起一只画眉不会对生态造成损害。但其实野生鸟类非常敏感和胆小，一只活着的画眉被运到市场的背后，是十几只画眉在被捕捉和运输的过程中失去生命。所以，人们常说"没有买卖就没有杀害"。

　　为了保护画眉，现在它们被列为国家二级保护野生动物，不能再被捕捉和饲养了。这对画眉来说是好事，正如宋代诗人欧阳修的诗里说的："百啭千声随意移，山花红紫树高低。始知锁向金笼听，不及林间自在啼。"画眉应该自由自在地在开满鲜花的山林间鸣叫，这自由的歌声远远胜过被关在笼子里的画眉的哀叹。

雀中的小"猛禽"

中文名	棕背伯劳
学 名	*Lanius schach*
雀形目	Passeriformes
伯劳科	Laniidae
伯劳属	*Lanius*

棕背伯劳

春夏季节的早上，高高的树顶常常站着一只带着黑眼罩的鸟，发出一声一声具有穿透力的鸣叫。这就是棕背伯劳，它正在向心仪的对象发出邀请。它的身体是棕色的，脑袋是灰色的。有趣的是，它的眼睛上还有一条黑色的横带，像西方侠客为了遮掩身份而在眼睛上蒙着的黑布一样。

《曹子建集》卷十记载周宣王的大臣尹吉甫听后妻谗言杀了孝子伯奇，后见一鸟认为是伯奇所化，就说道："伯奇劳乎？是吾子，栖吾舆；非吾子，飞勿居。"意思是"你是伯奇吗？是我的儿子，就留在马车上；不是我的儿子，就飞走不要停留。"结果该鸟真的跟着马车回家，后来尹吉甫也杀死了后妻为子报仇。此后该鸟便有伯劳之名。

棕背伯劳和麻雀一样，都是雀形目的小鸟，虽然体形不大，但它却是凶猛的猎手。它能够捕食各种昆虫，甚至还能抓到老鼠、小鸟和蜥蜴，喙和爪子也变得像猛禽一样有弯钩。因此伯劳在英文中也被称其为 Butcher Bird（屠夫鸟）。但伯劳毕竟不是真猛禽，它的脚爪力量不够强大，不能用爪子抓住猎物并用嘴撕扯。所以，它通常会把抓到的比较大的猎物挂在树枝上，然后把肉撕扯下来，就像在吃烤肉串一样。有时一顿吃不完，它也会把猎物挂在树枝上风干，留着以后再吃。这个吃"烤肉串"的习惯虽然看起来很有趣，但实际上，脊椎动物只占棕背伯劳食物的一小部分，它的主食还是各种昆虫。

聪明反被聪明误

中文名	八哥
学　名	*Acridotheres cristatellus*
雀形目	Passeriformes
椋鸟科	Sturnidae
八哥属	*Acridotheres*

八哥

鹦鹉以会模仿人说话而出名，但在中国的南方，也有一群聪明的鸟儿，能够模仿它们听到的各种声音，这就是八哥。八哥全身黑色，并且有黄色的喙和橘黄色的眼睛。但与其他"黑鸟"不同的是，它们前额有一丛突出的冠羽，而且在飞行时，还能见到翅膀上的白色斑点，就像一个白色的"八"字。

八哥分布范围广，中国南方大部分地方可以见到，从陕西南部，到长江以南的各个地区，甚至到台湾和海南，都能看到它们的身影。八哥一般不迁徙，一年四季都在一个地方生活，喜欢在树林、农田和公园的大树上活动。它们主要吃各种小昆虫，以及一些果实、种子和叶子。

八哥的叫声独特，而且还特别聪明，它们会模仿其他鸟类的叫声，甚至可以模仿简单的人类语言。古文和诗词中记载了许多达官显贵饲养八哥、教它们说话的故事，这一度成为当时比较流行的一种娱乐方式。但是近现代以来，因为人们大量的非法捕捉与饲养，它们在野外的数量曾经一度下降。现在，八哥也受到法律的保护，不能随便饲养。野生鸟类还是应该在大自然中生活才快乐呀。

中文名	白鹡鸰
学　名	*Motacilla alba*
雀形目	Passeriformes
鹡鸰科	Motacillidae
鹡鸰属	*Motacilla*

跳"肚皮舞"的小鸟

白鹡鸰

　　肚皮舞是一种颇有异域风情的舞蹈，里面有一个特殊的技巧叫抖臀，舞者会快速上下或左右晃动臀部，动感十足。而水边有一种小鸟似乎也会这种技巧，它站立的时候会时不时地上下摆动尾巴，灵动又可爱。这种小鸟黑白相间，背面和翅膀大部分是黑色的，脸到腹部是白色的，胸部还有一个心形或三角形的黑色"围兜"，它叫白鹡鸰，民间也叫它"白颤儿"。

　　白鹡鸰很喜欢在水边活动，它们常常在河溪边、湖沼、水渠等地方玩耍。白鹡鸰会移动它们小小的腿，"蹬蹬蹬"地在地面上快速地走来走去，脚步迅捷又灵活。它们的食物主要是昆虫和种子，会飞到空中捕捉昆虫，也会在地面上寻找种子吃。

　　白鹡鸰们飞行的时候，会向斜上方飞一段距离，然后收起翅膀自由下落一段距离，又展开翅膀飞行，形成一条波浪形的飞行轨迹，期间还会发出尖细的"唧唧"叫声，非常可爱。

　　白鹡鸰的繁殖期是每年的四月至七月，期间它们会在岩石、建筑物的缝隙或低矮的灌木丛中筑巢。未成年的小鸟羽毛颜色以灰色为主，还泛着一些微微的黄色，直到成年之后才换上黑色羽毛。

中文名	喜鹊
学 名	*Pica serica*
雀形目	Passeriformes
鸦 科	Corvidae
鹊 属	*Pica*

飞行的吉兆

喜鹊

喜鹊是中国常见的鸟类。它长着一身黑白相间的羽毛，特别是后背和尾巴上的羽毛，在阳光下闪着蓝光，美丽极了。喜鹊常常在树顶和地面上活动，步伐稳健而霸气。

从古至今，喜鹊在中国的文化中都代表着"吉祥"。人们经常把喜鹊与好运和幸福联系在一起，因为在中国有许多关于喜鹊报喜的传说。所以，喜鹊又被人们亲切地称为"报喜鸟"。

为什么喜鹊会被人们认为有这样的神奇能力呢？据记载，贞观末期，有一个名叫黎景逸的人，经常喂养家门前的喜鹊。有一天，他被冤枉入狱。正当他在狱中苦恼的时候，他喂食的那只喜鹊突然停在铁窗前叽喳叫个不停。他感觉好像有好事要发生。果然，三天后他被无罪释放。

喜鹊是一种非常聪明、勇敢的小鸟。它们不怕打架，还会呼朋唤友，一起合作攻击目标。即使面对猛禽，一群喜鹊也能勇敢地与之对抗。此外，喜鹊还喜欢开玩笑。它们会趁小猫或小狗不注意时，拉一下它们的尾巴，然后迅速飞走，真是调皮极了。

喜鹊的食性很杂，无论是虫子、果实，还是枝叶，只要是能入口的东西都可以成为它们的食物。也正是因为这种强悍的适应力，喜鹊才能在城市里扎根生活，与人们和谐共处。

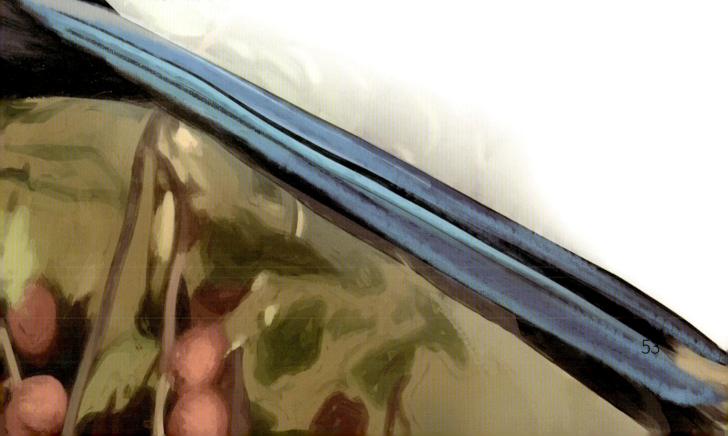

中国的黑鸟

中文名	乌鸫
学　名	*Turdus merula*
雀形目	Passeriformes
鸫　科	Turdidae
鸫　属	*Turdus*

乌鸫

　　乌鸫是一种非常常见的鸟，全身羽毛黑色，有趣的是它们的英文名为 Chinese Blackbird，意思是"中国的黑鸟"。因为这身羽毛，它常常被认为是乌鸦。但它比很多乌鸦都要小，喙是橙黄色或黄色的，非常亮丽。最特别的是，雄性的乌鸫眼睛周围还有一圈明显的黄色，这就是为什么乌鸫有"黑画眉"这个别名。雌性乌鸫的羽毛则是偏褐色的，而幼鸟的不仅羽毛是褐色，胸部还有一些条纹，看起来和成年乌鸫一点也不一样。

　　乌鸫是杂食性动物，这意味着它们的菜单上既有昆虫、蚯蚓这样的动物性食物，也有种子和浆果这样的植物性食物。

　　乌鸫也是典型的鸣禽，它们会用歌声来宣誓自己的领地或者发出警报。它们的叫声多变，非常善于模仿其他鸟的叫声，甚至环境里的其他声音，比如汽笛声、口哨声、电动车报警声等。所以，它们也被称为"百舌鸟"。

　　乌鸫是人类居住区常见鸟类，每年的四月到六月是乌鸫的繁殖期，这段时间可能会见到学飞的小乌鸫掉在地上。这时让小鸟在原地待着就可以了，它的父母会继续照顾它。

中文名	白琵鹭
学　名	*Platalea leucorodia*
鹈形目	Pelecaniformes
鹮　科	Threskiornithidae
琵鹭属	*Platalea*

奇形怪状的喙

白琵鹭

国家二级保护野生动物

在我国南方内地的湿地边，偶尔能见到一种嘴巴形状奇特的鸟。它的喙主要是黑色，末端变成黄色，比中段更宽，就像蛋糕店或者自助餐里夹食物用的夹子。这种鸟全身雪白，鸟喙正面看像极了琵琶的形状，所以它们叫白琵 (pí) 鹭。这个形状的喙能帮助它们更高效地觅食，也能更有力地抓住猎物。每天清晨和黄昏，白琵鹭都会来到湖边的浅水区域觅食。它会把嘴伸进水中，一边张嘴一边左右扫荡，碰到水中的小动物，就会用它宽大的喙夹起来，吞下肚中。

白琵鹭非常机警，休息时，它们喜欢在水边站成一排，一动不动。一旦发现有任何动静，白琵鹭就会立刻飞往水中安全的地方。

每年五月到七月，白琵鹭后脑勺会长出繁殖羽，像美丽的白色长发，并开始求偶。白琵鹭会在密集的芦苇丛里，用草茎和草叶筑巢并生蛋。每窝有三枚至四枚白色的蛋，由爸爸、妈妈一起孵化。当小宝宝孵化出来后，它们会共同照顾雏鸟，直到它们学会飞翔。

白琵鹭是国家二级保护野生动物，我们应当爱护它，保护它的家园。

脊索动物门·鸟纲

会"喂奶"的鸟

珠颈斑鸠

在清晨的阳光下,你是否听到过一阵轻柔悦耳、延绵不绝的"咕咕咕"声?这是珠颈斑鸠的歌声,它的一天开始了。珠颈斑鸠比鸽子稍微小一些,它的羽毛是灰棕色的,脖子后面有一块黑色的斑块,上面布满了白色的圆点,像珍珠一样,这就是它名字的由来。珠颈斑鸠总是独自或成对地出现,无论是安静的田野还是繁忙的城市,都能看到它的身影。

珠颈斑鸠生活在南亚、东南亚以及中国南方的广大地区,是人们最熟悉的留鸟之一。此外,还有一种叫作山斑鸠的鸟,它的颈后斑块是黑白条纹状的,要和珠颈斑鸠区别哦。

珠颈斑鸠是一种不太怕人的鸟类,它可以在人们的生活区域觅食。无论是公园的树木还是城市的屋顶,都能成为它的家。珠颈斑鸠的主食是植物的种子和果子。有的珠颈斑鸠还会在人们的窗台、阳台,甚至空调外机上筑巢。珠颈斑鸠的巢很简单,几根树枝堆在一起就完成了。

珠颈斑鸠和鸽子这样的鸟类,也会给幼鸟"喂奶"。珠颈斑鸠体内有一个储存食物的嗉囊,在小斑鸠孵化后不久,斑鸠父母的嗉囊里就会分泌富含蛋白质的液体,叫作"鸽乳",小斑鸠则会把头伸进父母嘴里"喝奶"。如果有珠颈斑鸠在你家窗台安家,你也可以去观察这种现象。

中文名	珠颈斑鸠
学　名	*Spilopelia chinensis*
鸽形目	Columbiformes
鸠鸽科	Columbidae
珠颈斑鸠属	*Spilopelia*

潜水小健将

小䴙䴘

在池塘中，你可能见过一种眼神犀利的小鸟，它们只比刚出生的小鸡大一点，身体为栗色至褐色，眼睛和喙的基部有亮点白色，看起来炯炯有神，这就是小䴙（pì）䴘（tī）。

小䴙䴘是中国各地淡水湿地最常见的鸟类之一。无论是城市里的公园，还是郊区的河流，只要有湿地的存在，都有机会发现小䴙䴘。它喜欢有水生植物和有一定深度的水域，利于它们潜水觅食。

小䴙䴘主要取食小型鱼类和水生节肢动物。它非常擅长潜水捕食，经常一头扎进水里，过了好久才从距离原来的位置很远的地方浮上来，嘴里抓着一条小鱼。除了捕食，如果有敌人靠近它，它也会迅速潜水躲避。所以你常常可以看见一只小䴙䴘在发现你之后钻入水中，然后就不知道去哪了。

为了更好地游泳，小䴙䴘的脚上也长出了蹼。但和鸭子连起来的蹼不一样，它们是每个脚趾分别长出叶子一样的蹼，这样的脚叫作瓣蹼足。

每到繁殖季节，小䴙䴘会在水面的中央建造一个浮巢。这个巢是用芦苇茎、菖蒲叶等水草材料搭建的。小䴙䴘的雏鸟出生时有绒羽，可以在水中游泳。它们需要亲鸟喂食一段时间才能自己捕食。有时候亲鸟还会把孵化不久的雏鸟背在背上活动，好像坐船一样。

下次当你在湿地或者公园里发现小䴙䴘时，不妨留心观察一下。如果你保持安静不动，它们说不定会好奇地游过来看看你呢。

中文名 小䴙䴘
学　名 *Tachybaptus ruficollis*
䴙䴘目 Podicipediformes
䴙䴘科 Podicipedidae
小䴙䴘属 *Tachybaptus*

关于刺猬的真相

东北刺猬

许多童话书里都会提到一种奇特的小动物,它背上不是毛,也不是鳞,而是尖尖的刺,那就是刺猬。东北刺猬是我国常见的一种刺猬,它除了脸和肚子以外,全身都有着硬硬的刺,每当遇到危险时,它会缩成一个圆圆的刺球,让敌人无从下口。东北刺猬行踪隐秘,白天的时候总是躲在洞里,不见踪影,只在傍晚和清晨才会悄悄出来活动。而且,它还特别胆小,一感受到大的动静,就会立刻躲藏起来。

东北刺猬有冬眠的习性。在寒冷的冬天里,它会在地洞或墙缝里安静地睡觉,度过整个冬天。

虽然东北刺猬的视力不太好,但它有一对敏锐的耳朵和鼻子,可以帮助它找到食物。不过,你知道吗?虽然很多故事里都说刺猬会用背上的刺搬运水果,但其实这是不对的哦。水果并不是刺猬的最爱,它更喜欢的食物是昆虫、蚯蚓和蜗牛等小动物。而且,刺猬的小短手也不方便把食物从背上拿下来。如果水果插在背上的刺里,不仅会影响刺猬的活动,水果腐烂时还会影响它的健康。

所以,下次再听到刺猬的故事,记得告诉小伙伴,刺猬用刺搬运水果的传闻并不准确哦。

中文名	东北刺猬
学　名	*Erinaceus amurensis*
劳亚食虫目	Eulipotyphla
猬　科	Erinaceidae
猬　属	*Erinaceus*

被推为大仙的动物

黄鼬

在我国许多地区，流传有"黄大仙"的民间故事。这个"黄大仙"就是黄鼬。黄鼬俗称黄鼠狼，它体形小巧，却拥有强大的捕猎能力。白天它会安静地休息，到了夜晚，它就会变成捕鼠能手。每当月黑风高之时，黄大仙就会悄然出动，用它那灵动的身姿和锐利的眼神，寻找着猎物的踪迹。

成年的黄鼬虽然体长只有三十厘米左右，但它的勇敢和机智却让人惊叹。当黄鼬发现猎物时，会迅速而敏捷地移动，找准时机一口咬住猎物的脖子。即使猎物体形比黄鼬大，也无法逃脱它的利齿。

黄鼬是杂食性动物，它们会吃植物嫩叶和果实，也会捕食昆虫、鸟类、老鼠和青蛙等各种小型动物。为了抓住猎物，黄鼬还有许多"绝活"。它的体形纤细，身体柔软，这让它能够轻松地穿过各种小洞和隧道。猎物们无论躲到哪里，都逃不过黄大仙的"火眼金睛"。

更神奇的是，黄大仙的屁股上还有一对神奇的臭腺。当遇到猎物时，它会迅速释放出一种奇臭无比的分泌物，让猎物失去逃跑的能力。当然，遇到敌人时，它也会喷出有刺激性气味的液体，让黄大仙有机会安全地逃脱。

许多传说中，黄鼬拥有通人性的神奇能力。如果你不小心得罪了它，它会找机会给你一些小小的教训。这或许是因为黄鼬能够捕捉老鼠，保护我们的粮食庄稼，所以人们才会创造出这样的传说，让我们不要伤害这些可爱的小动物。

```
中文名 黄鼬
学  名 Mustela sibirica
食肉目 Carnivora
鼬  科 Mustelidae
鼬  属 Mustela
```

中文名	褐家鼠
学　名	*Rattus norvegicus*
啮齿目	Rodentia
鼠　科	Muridae
大鼠属	*Rattus*

恼人的小邻居

褐家鼠

从繁华的城市到荒凉的野地里，都住着一种名叫褐家鼠的小动物。它们的体形在鼠中算是中等大小，差不多有人的手掌那么大。褐家鼠的毛色主要是灰褐色至深褐色，只有腹部和腿是灰白色的。

褐家鼠非常适应人类居住区，它们从不挑食，无论是人类的食物，还是家里的各种物品，都是它们的目标。褐家鼠的牙齿会不停地生长，就像人的指甲一样。为了保持牙齿的长度，它们除了吃饭以外，还需要不停地啃咬各种东西，即使那些东西根本不能吃。

褐家鼠在人类社会中风评极差而且无处不在。这是因为它们会偷吃食物、啃坏家具、破坏建筑、咬伤小朋友，还会传播多种疾病，给人类带来麻烦。褐家鼠耳朵非常灵敏，跑得快，跳得高，还会游泳，非常难被抓住。同时，它们聪明又警惕，许多陷阱和毒药只要用过几次以后，它们就会明白那是危险的东西并且远离。而且，褐家鼠的生育能力非常强，只要环境适宜，一只母鼠甚至可以在一年内生出六十只小鼠。有这样强大的繁殖力，即使一个城市里只剩下几只老鼠，它们的数量也会很快回升。因此，灭鼠几乎是所有人类居住区的保留项目，并且相当费时费力。

家猪的本源

野猪

中文名	野猪
学　名	*Sus scrofa*
偶蹄目	Artiodactyla
猪科	Suidae
猪属	*Sus*

　　猪的全身都是宝，猪肉、猪蹄、猪骨头都可以做成美食，猪鬃毛是制作刷子的优良材料，猪油是优良的调味料和工业原料。那你知道，家猪是什么动物驯化而来的吗？

　　答案就是野猪。在常见的野生动物里，野猪算是体形最大的一种了。野猪身体强壮、身形高大，都有长长的鼻子和强壮的四肢，雄性野猪嘴里还会伸出一对尖尖的獠牙，看起来非常威风。野猪的身上长满了硬硬的鬃毛，像一件厚实坚固的马甲。野猪的毛是棕褐色或灰黑色的，在不同的地区会有一些差异。

　　野猪是世界上分布最广的动物之一，无论是在高山、丘陵、森林，还是草地，都能看到野猪的身影。野猪喜欢在早晨和傍晚出来找食物，野猪的食物非常丰富，几乎什么都吃。野猪通常一群一群地生活在一起。野猪性情勇敢，有时雄性野猪甚至可以与虎搏斗呢。野猪虽然不是纯肉食性动物，但它们体形很大，奔跑快，喜欢用冲撞的方式攻击，非常容易伤人。所以在野外遇见野猪，要保持冷静，不要惊吓野猪，然后尽快远离。

　　因为野猪不挑食又长得快，人们选择了一些野猪进行饲养。比起野猪，家猪的獠牙退化，性格温顺，肉也更多更好吃。

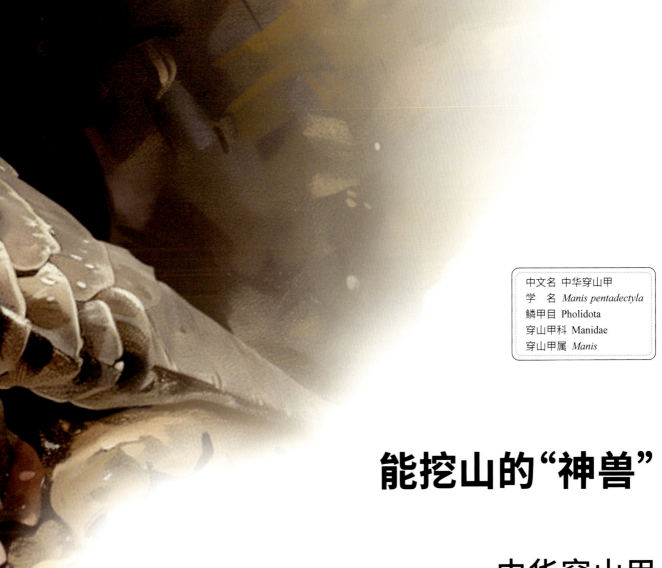

中文名	中华穿山甲
学　名	*Manis pentadectyla*
鳞甲目	Pholidota
穿山甲科	Manidae
穿山甲属	*Manis*

能挖山的"神兽"

国家一级保护野生动物

中华穿山甲

《山海经》中记录了一种生活在陆地上的鱼，它有牛的外形、蛇的尾巴和鸟的翅膀，会在冬天死去，夏天又复活，像是一种奇形怪状的神兽。但是，现今的一些考据认为这种动物就是穿山甲，因为穿山甲虽然是陆生哺乳动物，背上却有鳞甲，就像鱼鳞，体格强壮似牛，甲片之间有刚毛露出，似鸟的翅膀，尾长似蛇尾，冬天冬眠而夏天比较活跃，可以和神话一一对应上。

中华穿山甲最喜欢的食物是蚂蚁和白蚁。每当它发现蚁巢的时候，就会用那双强壮有力的前肢开始挖掘。它的鳞甲和强壮的四肢让挖掘变得非常容易。很快，它就能将蚁巢完全暴露出来，甚至可以挖好几米深呢。

中华穿山甲的小嘴巴非常尖细，里面没有牙齿。但是它有一个神奇的喉袋，可以把舌头折叠起来放在里面。当它舔食的时候，折叠的舌头会迅速弹出。舌头还连着发达的唾液腺，可以分泌出黏糊糊的唾液，帮助它粘住蚂蚁，然后吞到肚子里。而遇到危险时，它会迅速地团成一团，而鳞甲就像一道坚固的铠甲，让那些凶猛的肉食动物无从下口。

由于中华穿山甲善于挖洞，所以古人就认为吃掉穿山甲可以疏通径脉和通乳，以致穿山甲遭大量捕杀。其实穿山甲的药用功效并没有真实证据，而且食用还容易感染野生动物身上的疾病。我国已明令禁止穿山甲入药。所以，我们要保护大自然，让穿山甲这种神奇的小动物能自由地生活。

重返神州大地的"神兽"

麋鹿　　　　　　　国家一级保护野生动物

麋鹿是一种大型食草动物，它的体长约两米，从角到肩部的距离也有一米多。雄鹿的体重可达二百五十公斤，雌鹿的体重也超过一百公斤。麋鹿喜欢生活在平原湿地，身体也进化成了适应这种环境的形态，例如，蹄子比较宽大，使它们不容易陷入泥里；尾巴细长且多毛，适合驱赶昆虫。当人们第一次见到麋鹿这种动物时，会觉得它长得很奇怪：脸细长似马，尾长似驴，蹄似牛，还长着鹿一样的角。于是，古人将这种动物叫作"四不像"，并认为它是一种灵兽。在神话传说中，麋鹿也常作为神的坐骑出现。

麋鹿是我国原产的食草动物，曾经遍布我国长江中下游地区。然而，自十九世纪以来，由于环境变化和人为捕捉，我国的麋鹿数量持续下降，最终于 1900 年在我国境内灭绝。

那么，现在的麋鹿是怎么来的呢？原来，1865 年，法国的传教士在我国发现了这种特殊的动物，并将它们带回了欧洲进行饲养和展览。1904 年，英国的贝福特公爵搜集了欧洲仅存的十八头麋鹿，让它们在自己的庄园内繁衍生息。随后在 1985 年，我国从英国引进了这些麋鹿，进行繁育和野外放归，现在我们才能在动物园和野外再次看到这种珍贵的动物。

中文名	麋鹿
学　名	*Elaphurus davidianus*
偶蹄目	Artiodactyla
鹿　科	Cervidae
麋鹿属	*Elaphurus*

长江的"微笑天使"

中文名	长江江豚
学 名	*Neophocaena asiaeorientalis*
偶蹄目	Artiodactyla
鼠海豚科	Phocoenidae
江豚属	*Neophocaena*

长江江豚

国家一级保护野生动物

在长江这条宽广的大河里,生活着许多大鱼,但有一种特别的动物,它们看起来像是大鱼,其实是一种哺乳动物。它们就是江豚,一种生活在淡水里的豚。江豚性格温和,总是嘴角上扬,就像是在笑一样,所以被誉为长江的"微笑天使"。

江豚是非常聪明的动物,它们在水里会一起合作抓鱼,还会几只聚在一起玩起转圈圈和跃出水面的游戏,就像是在跳一支优雅的水中舞蹈,非常好看。只可惜,江豚也非常胆小,如果看到人或者船,它们往往会立刻躲开。如果你能亲眼看到江豚,那真是一件非常幸运的事情。

你知道吗?江豚其实和骆驼、猪、牛、羊这些动物是远房亲戚,因为它们都属于一个叫作"偶蹄目"的大家族。这意味着很久以前,江豚的祖先可能也是在陆地上生活的哦。

曾经因为江水污染等原因,江豚的数量变得很少很少,差点就见不到了。但现在,因为大家开始关心环境、保护长江,江豚的数量又开始慢慢变多了,这真是一个好消息!

虫·豸 ②

小小的湿地 大大的能量

湿小鹤的自然观察笔记

钟玉兰 迟韵阳 主编

中国林业出版社
China Forestry Publishing House